国家自然科学基金（项目批准号：31872645）资助出版

湖北省外来入侵植物图鉴

刘 虹 马金双 主编

内容提要

本书收录了湖北省外来入侵植物47科146种（含种下等级），按照不同入侵程度将其划分为5个等级，结合大量的野外科学考察和标本文献资料，列出每种外来入侵植物的学名、别名（俗名）、生物学特征、分布和在湖北省的入侵现状等重要信息；同时，采用高清图片展现这些入侵植物的生境、植株形态、花和果实等，并配有文字介绍。本书可作为植物学、林学、农学、环境保护学以及生物多样性领域的重要参考书，也是科学传播与外来入侵植物及其危害相关的知识并促进防治的重要资料，可供相关人员作为工具书使用。

图书在版编目（CIP）数据

湖北省外来入侵植物图鉴 / 刘虹，马金双主编. —上海：上海交通大学出版社，2023.9
ISBN 978-7-313-28628-4

Ⅰ. ①湖… Ⅱ. ①刘… ②马… Ⅲ. ①外来入侵植物—湖北—图集 Ⅳ. ①Q948.526.3-64

中国国家版本馆CIP数据核字（2023）第079440号

湖北省外来入侵植物图鉴
HUBEI SHENG WAILAI RUQIN ZHIWU TUJIAN

主　　编：刘　虹　马金双
出版发行：上海交通大学出版社
邮政编码：200030
印　　制：苏州市越洋印刷有限公司
开　　本：710 mm × 1000 mm　1/16
字　　数：298千字
版　　次：2023年9月第1版
书　　号：ISBN 978-7-313-28628-4
定　　价：128.00元

地　　址：上海市番禺路951号
电　　话：021-64071208
经　　销：全国新华书店
印　　张：21
印　　次：2023年9月第1次印刷

前　言

随着中国在国际贸易与旅游业等方面的蓬勃发展，生物入侵在我国也不断加剧，正在成为威胁我国生物多样性与生态环境的重要因素之一。由于没有天敌，它们通过压制或排挤本地物种，破坏生态系统的结构和功能，威胁农林牧渔业的生产甚至人类的健康，造成巨大的经济损失和生态灾难。外来生物入侵目前已得到越来越多国家和生态保护组织的关注，我国近几年也越来越重视其危害。

针对湖北省内入侵植物的研究，目前还相对较少，还未出版过此类入侵植物的相关著作。因此，我们在大量野外科学考察的基础上，结合《中国外来入侵植物名录》(马金双和李惠茹主编，2018年版）等学术文献和标本资料的查阅，整理、编写了《湖北省外来入侵植物图鉴》。本书共收录湖北省外来入侵植物47科146种，包括蕨类植物3种、裸子植物1种、被子植物142种。本工作首次将这些入侵植物按照其在湖北省内入侵危害程度的不同进行了入侵等级的划分，共分为5类：Ⅰ级恶性入侵种、Ⅱ级严重入侵种、Ⅲ级局部入侵种、Ⅳ级一般入侵种和Ⅴ级有待观察类。需要说明的是，个别种类虽为国产，但其产生的严重生态危害不低于一些外来入侵植物，因此一并纳入；尚没有在湖北形成入侵的植物，本书不予记载。

湖北省作为华中地区重要的省份之一，地处长江经济带，正遭受着入侵植物的危害。例如：加拿大一支黄花在武汉市郊飞速蔓延，对当地的生态与环境造成了严重的影响，使农业、林业、畜牧业和渔业的产量和质量下降，相关的产业收入减少；并且每年用于农业杂草清除和除草剂施用的费用巨大。湖北省外来入侵植物主要由以下三个途径传入：(1）引种入侵。主要指在引进各种农作物、观赏植物、药用植物时造成的入侵。(2）人为无意带入。人员的流动和物资的交流使得植物的传播更加便利，如加拿大一支黄花、蓖麻、梭鱼草、再力花等，它们可能通过出入境的货物或者农副产品的携带进入湖北省。（3）自然传播。通过水流、气流等方式形成的外来有害植物传播，比如凤眼蓝和大薸可以利用长江流域发达的水网入侵，加拿大一枝黄花可以通过发达的地下根系和数量巨大、质量轻盈的种子来传播。

本书是了解和认识湖北省入侵植物的重要参考书，可供相关科研工作者以及园林工作人员了解入侵植物，以便更准确地识别和防治入侵植物，也可为其他对入侵植物感兴趣的读者及科普工作者提供资料参考。感谢中科院武汉植物园廖廓、信阳师范学院朱鑫鑫提供湖北省部分入侵植物的精美图片，感谢中南民族大学生命科学学院野外调查小组全体老师和研究生、本科生的支持和付出。由于调查积累和研究水平有限，本书难免有遗漏和不足，希望广大读者批评指正！

编　者

2023 年 5 月

编写说明

1. 物种收录

本书收录的外来入侵植物以中南民族大学覃瑞教授团队于 2014—2019 年在武陵山区湖北区域进行生物多样性综合科学考察的结果和湖北省利川市、咸丰县、巴东县等地外来入侵植物调研报告为基础编写。全书收录湖北省外来入侵植物 47 科 101 属 146 种。

2. 入侵等级

本书收录的湖北省外来入侵植物按照不同入侵程度共分为 5 个等级：Ⅰ级恶性入侵种 15 种，Ⅱ级严重入侵种 40 种，Ⅲ级局部入侵种 41 种，Ⅳ级一般入侵种 33 种，Ⅴ级有待观察类 17 种。入侵等级标注在每个物种的科、属分类前。

Ⅰ级：恶性入侵种，指在国家层面上已经对经济和生态效益造成巨大损失和严重影响，入侵范围在湖北省内达 5 个以上的县（或县级市、区）的入侵植物，如加拿大一枝黄花（*Solidago canadensis* L.）、喜旱莲子草 [*Alternanthera philoxeroides* (Mart.) Griseb.]、豚草（*Ambrosia artemisiifolia* L.）等。少数种类虽然为国产种或者原产地不详且中外均有分布，但在湖北省造成的生态危害非常严重，我们将其归为恶性杂草，列作Ⅰ级恶性入侵种，如葎草 [*Humulus scandens* (Lour.) Merr.]。

Ⅱ级：严重入侵种，指在国家层面上对经济和生态效益造成较大的损失与影响，并且入侵范围至少在湖北省内达 3 个以上的县（或县级市、区）但不超过 5 个的入侵植物，如黄花蒿（*Artemisia annua* L.）、狼耙草（*Bidens tripartita* L.）。

Ⅲ级：**局部入侵种**，指没有造成国家层面上大规模危害，分布范围在湖北省内达 1～3 个县（或县级市、区）并造成局部危害的入侵植物，如青葙（*Celosia argentea* L.）。

Ⅳ级：**一般入侵种**，指地理分布范围无论广泛还是狭窄，其生物学特性已经明确其危害性不明显，并且难以形成新的发展趋势的入侵植物，如百日菊（*Zinnia elegans* Jacq.）。

Ⅴ级：**有待观察类**，指目前没有达到入侵的级别，尚处于归化的状态，或因了解不详细而目前无法确定未来发展趋势的物种，如白花紫露草（*Tradescantia fluminensis* Vell.）。

3. 物种分类系统

本书收录的湖北省入侵植物中，蕨类植物的分类采用现代蕨类植物分类系统（PPG Ⅰ系统）（2016），裸子植物的分类按照克朗奎斯特植物分类系统（Christenhusz 系统）（2011），被子植物的分类按照第 4 版被子植物分类系统（APG Ⅳ系统）（2016）。

4. 物种名称

科、属和种的分类及拉丁学名的确定，依据了最新分类学研究成果 *Flora of China*（《中国植物志》），每个物种的学名都经过详细考证；更正了一些分类鉴定错误和拼写错误，如南美天胡荽的拉丁学名应为 *Hydrocotyle verticillata* Thunb.，而不是国内文献普遍记载的 *Hydrocotyle vulgaris*。中文名主要参照《中国外来入侵植物名录》（2018）给出，命名人名字的缩写则参考国际植物名称索引。一部分新发现而又没有被 *Flora of China* 和《中国外来入侵植物名录》收录的外来入侵植物的拉丁学名命名参考了美国密苏里植物园 Tropicos 在线数据库，中文名则根据其植株形态、拉丁学名意义等新拟，并给出其原产地和在中国的分布。

5. 物种描述

物种描述以言简意赅为要。内容主要包括生物学特征、分布（本书重点体现外来入侵植物在湖北省内的分布情况）、生境、传入与扩散、危害及防控等。其中，形态特征的描述较为简明，均为分类学上重要的识别特征，可据此与相近种区分。

6. 物种照片

本书的编写目的在于使用与识别，故所选照片都力求准确、清晰、精美。图片内容包括生境、植株、叶、花、果实等。本书使用的照片绝大部分为课题组所拍摄，少数物种如望江南、菊苣、假柳叶菜、假酸浆、串叶松香草、田野毛茛、粉绿狐尾藻的图片，由信阳师范学院朱鑫鑫和中国科学院武汉植物园廖廓拍摄，在此一并表示感谢。

目　录

一

蕨类植物

1. 细叶满江红 *Azolla filiculoides* Lam.

Ⅱ级 严重入侵种　　槐叶蘋科 Salviniaceae　　满江红属 *Azolla*

【别名】 蕨状满江红、细绿苹。

【生物学特征】 植株粗壮，腋生侧枝，侧枝数少于茎的复叶；当在浅水或潮湿的地方或植物拥挤的情况下，茎变得直立，背叶变为腹叶。大孢子囊外壁有 3 个浮膘，小孢子囊内的泡胶块上有无分隔锚状毛；长年均能结大量大小孢子果，能自然受精和萌发，幼苗容易生长。

【分布】 原产美洲。湖北省武汉市、咸宁市等地有分布。

【生境】 生于水田、湖泊、沟渠。

【传入与扩散】 **传入：**中国于 20 世纪 70 年代引进（放养）和推广利用，现几乎遍布全国各地的水田。**扩散：**本种植株比常见的满江红粗大，耐寒，能结大量孢子果且容易进行有性繁殖，不仅被引种放养和利用，而且在很多地方已归化成为野生。

【危害及防控】 **危害：**繁殖能力极强，长年均能结大量大小孢子果，能自然受精和萌发，影响农田生态，使水稻减产或无法种植；覆盖水面，导致水中溶解氧含量低，造成鱼、虾窒息死亡，影响水产养殖；与本地水生植物竞争光、营养和生长空间。**防控：**采取机械打捞的方法清理水域。

细叶满江红 *Azolla filiculoides* Lam.

1. 生境；2. 植株

2. 槐叶蘋 *Salvinia natans* (L.) All.

Ⅲ级 局部入侵种　　槐叶蘋科 Salviniaceae　　槐叶蘋属 *Salvinia*

【别名】 包田麻、边箕萍、草鞋苹、大浮萍、大叶苹草。

【生物学特征】 小型漂浮植物。茎细长而横走，被褐色节状毛。三叶轮生，上面二叶漂浮水面，形如槐叶，长圆形或椭圆形，顶端钝圆，基部圆形或稍呈心形，全缘；叶柄长 1 mm 或近无柄。叶脉斜出，在主脉两侧有小脉 15～20 对，每条小脉上面有 5～8 束白色刚毛；叶草质，腹面深绿色，背面密被棕色茸毛。下面一叶悬垂水中，细裂成线状，被细毛，形如须根，起着根的作用。孢子果 4～8 个簇生于沉水叶的基部，表面疏生成束的短毛，小孢子果表面淡黄色，大孢子果表面淡棕色。

【分布】 原产巴西，日本、越南、印度及欧洲均有分布。湖北省有广泛分布。

【生境】 生于水田、沟塘和静水溪河。

【传入与扩散】 **传入：**传入方式不详。**扩散：**繁殖能力强，生长快速，孢子随水流扩散。

【危害及防控】 **危害：**侵入农田，使水稻减产或无法种植；覆盖水面，与本地水生植物竞争光、营养和生长空间。**防控：**机械打捞清理水域；也可生物防治，如槐叶蘋象甲（*Cyteobagous salviniae*）可有效控制槐叶蘋数量。

槐叶蘋 *Salvinia natans* (L.) All.

1. 生境；2. 居群；3. 植株；4. 叶片

3. 高大肾蕨 *Nephrolepis exaltata* (L.) Schott

Ⅳ级 一般入侵种 肾蕨科 Nephrolepidaceae 肾蕨属 *Nephrolepis*

【别名】 肾蕨、波士顿蕨。

【生物学特征】 多年生中型地生或附生蕨，叶长可达 1 m，根状茎短而直立，向上有丛生叶，向下有线状匍匐茎从叶腋向四周扩展，叶草质、光滑，叶形变化多端。孢子囊群圆形，生于每组叶脉的上侧一小脉顶端，囊群盖圆肾形或少为肾形，缺刻状着生，暗棕色，宿存。孢子椭圆形或肾形，不具周壁，外壁表面具不规则的疣状纹饰。

【分布】 原产美洲地区。湖北省各地有引种栽培。

【生境】 喜明亮、有散射光的半阴环境。

【传入与扩散】 **传入：** 作为观赏植物引种栽培，原种栽培较少，常见品种为波士顿蕨（高大肾蕨的园艺品种）。**扩散：** 营养繁殖和孢子繁殖，分株或以匍匐茎繁殖可长新植株。

【危害及防控】 **危害：** 孢子生长率低，分株和匍匐茎的繁殖速度慢，危害较小。**防控：** 控制引种，注意不要溢出控制范围（地段）。

高大肾蕨 *Nephrolepis exaltata* (L.) Schott
1. 生境；2. 孢子囊群；3. 植株

二

裸子植物

4. 日本柳杉 *Cryptomeria japonica* (L. f.) D. Don

Ⅲ级 局部入侵种　柏科 Cupressaceae　柳杉属 *Cryptomeria*

【别名】 孔雀松。

【生物学特征】 乔木，树皮红褐色，纤维状，裂成条片状落脱；大枝常轮状着生，水平开展或微下垂，树冠尖塔形；小枝下垂，当年生枝绿色。叶钻形，先端锐尖或尖，四面有气孔线。雄球花长椭圆形或圆柱形，雌球花圆球形。球果近球形；种鳞 20～30 枚，上部通常 4～5（7）深裂，裂齿较长，窄三角形；种子棕褐色，椭圆形或不规则多角形，边缘有窄翅。花期 4 月，球果 10 月成熟。

【分布】 原产日本。湖北省各地有栽培。

【生境】 喜光耐阴，生于山腰、疏林、路旁。

【传入与扩散】 **传入：**1914 年引入江西庐山，随后传入全国各地，为南方主要造林树种之一。**扩散：**种子繁殖和引种栽培扩散。

【危害及防控】 **危害：**生长速度快，树形高大，群落物种单一，郁闭度高，影响地面其他植物生长，容易造成种植地生物多样性低、生态系统抗逆性弱。**防控：**控制引种，减少种植面积。

日本柳杉 *Cryptomeria japonica* (L. f.) D. Don
1. 生境；2. 雌球花；3. 球果

三

被子植物

5. 大薸 *Pistia stratiotes* L.

Ⅲ级 局部入侵种 天南星科 Araceae 大薸属 *Pistia*

【别名】 水白菜。

【生物学特征】 水生漂浮草本。有长而悬垂的根多数，须根羽状、密集。叶簇生成莲座状；叶片常因发育阶段不同而形异：呈倒三角形、倒卵形、扇形，以至倒卵状长楔形，先端截头状或浑圆，基部厚；两面被毛，基部尤为浓密；叶脉扇状伸展，背面明显隆起成折皱状。佛焰苞白色，外被茸毛。花期5—11月。

【分布】 原产巴西。湖北省武汉市、恩施土家族苗族自治州、咸宁市等地有分布。

【生境】 喜高温多雨的环境，适宜在平静的淡水池塘、沟渠中生长。

【传入与扩散】 **传入：**Forbes和Hemsley于1903年记载了大薸在广州黄埔的分布，并引证了当时采集的标本（Hance 6065）。20世纪50年代，大薸作为猪饲料被推广，后逸生野外，繁殖能力极强。郭水良和李扬汉于1995年首次将其作为外来杂草报道。**扩散：**随人工引种栽培后因不慎或故意遗弃而传播扩散，在自然生境中其植株可随水流漂浮传播，种子和小的植株还能黏附在渔具、船只等载体上传播。

【危害及防控】 **危害：**大薸不仅可堵塞航道，影响水上交通，疯狂繁殖生长后，根系消耗了大量溶解氧，可能导致鱼类及生活在水下的植物窒息死亡，一些土著鱼类因此消失，甚至灭绝，破坏河道中的生物多样性，而且大面积的水面覆盖也影响了渔业的发展。**防控：**至今还没有十分有效的根除方法，只能依靠人工打捞、暂时排水法（趁汛期、大暴雨来临之时开闸把大薸冲入大海，让其遇咸自灭），或生物防治法等措施进行一定控制。

大薸 *Pistia stratiotes* L.

1. 生境；2. 植株

6. 东方泽泻 *Alisma orientale* (Samuel.) Juz.

Ⅱ级 严重入侵种 泽泻科 Alismataceae 泽泻属 *Alisma*

【别名】芒芋、一枝花、文泻、天鹅蛋、水慈姑。

【生物学特征】多年生水生或沼生草本；块茎较大且数量多；挺水叶宽披针形、椭圆形，先端渐尖，基部近圆形或浅心形，叶脉5～7条，叶柄较粗壮，基部渐宽，边缘窄膜质；花被白色；瘦果椭圆形。花果期5—9月。

【分布】原产喜马拉雅温带地区。湖北省武汉市、利川市有分布。

【生境】生于湖泊、水塘、沼泽及积水湿地。

【传入与扩散】**传入：**作为蔬菜引入，江西、福建等地有将泽泻作为保健蔬菜栽培的。**扩散：**主要以种子和根茎繁殖，繁殖速度快，适应性强，可在湿地沿岸大规模蔓延。

【危害及防控】**危害：**东方泽泻繁殖力强，生长迅速，能快速侵占水田、湿地、沼泽，并使侵占地渐渐变为旱地。**防控：**人工铲除清理。

东方泽泻 *Alisma orientale* (Samuel.) Juz.

1. 植株；2、3. 生境；4. 花序

7. 伊乐藻 *Elodea canadensis* Michx.

Ⅳ级 一般入侵种 水鳖科 Hydrocharitaceae 水蕴藻属 *Elodea*

【别名】 狭叶水蕴藻。

【生物学特征】 多年生沉水草本，根状茎无。茎较细，具分枝。叶膜质，无柄，常3枚轮生，或2叶对生，线形或披针形，常下弯，全缘或具小齿。雄佛焰苞近球形或卵形，雄花单生；花梗极易脱落；萼片3，白色，反折；花瓣3，白色或粉红色。雌佛焰苞线形；花萼3，花瓣条状。种子纺锤形，基部被长毛。花果期7—10月。

【分布】 原产美洲温带地区。湖北省武汉市、襄阳市、咸宁市、十堰市、恩施土家族苗族自治州等地有分布。

【生境】 生于湖泊、水塘、沟渠、流动缓慢的溪流和运河等。

【传入与扩散】 **传入：**20世纪80年代，伊乐藻作为水体修复作物，由日本引入中国，生于河道中。只要水上无冰即能存活，气温在5 ℃以上即可生长，在中国大部分地区能以营养体形式越冬。**扩散：**伊乐藻雌雄异株，中国引进的是雄性植株。植物以休眠芽繁殖为主，它靠茎枝上产生不定根和腋芽萌发形成新苗，即断株繁殖，断枝随水流漂移扩散。

【危害及防控】 **危害：**逸生为野生植物后对本地水生植物有较强的竞争优势，具有很强的入侵能力。**防控：**人工打捞清除或化学清除（草甘膦对伊乐藻的生长具有显著的抑制作用）。

伊乐藻 *Elodea canadensis* Michx.

1. 生境；2、3. 植株

8. 黄菖蒲 *Iris pseudacorus* L.

Ⅲ级 局部入侵种　　鸢尾科 Iridaceae　　鸢尾属 *Iris*

【别名】 黄花鸢尾、水生鸢尾、黄鸢尾。

【生物学特征】 多年生草本，植株基部围有少量老叶残留的纤维。根状茎粗壮，斜伸，节明显，黄褐色；须根黄白色，有皱缩的横纹。基生叶灰绿色，宽剑形，基部鞘状，色淡，中脉较明显。花茎粗壮，有明显的纵棱，上部分枝，茎生叶比基生叶短而窄；苞片 3～4 枚，膜质，绿色，披针形，顶端渐尖；花黄色，外花被裂片卵圆形或倒卵形，爪部狭楔形，中央下陷呈沟状，有黑褐色的条纹，内花被裂片较小，倒披针形。花期 5 月，果期 6—8 月。

【分布】 原产欧洲。湖北省各地有栽培。

【生境】 生于河湖沿岸、湿地或沼泽地。

【传入与扩散】 **传入：**作为观赏植物引种栽培。**扩散：**种子或营养繁殖，可随河流扩散。

【危害及防控】 **危害：**适应性强，具有入侵物种的特性，可入侵农田、沟渠和湿地。**防控：**控制引种，拔除逸生植株。

黄菖蒲 *Iris pseudacorus* L.

1. 生境；2. 花

9. 葱莲 *Zephyranthes candida* (Lindl.) Herb.

Ⅳ级 一般入侵种 石蒜科 Amaryllidaceae 葱莲属 *Zephyranthes*

【别名】 葱兰、玉帘、白花菖蒲莲、韭菜莲、肝风草。

【生物学特征】 多年生草本。鳞茎卵形，具有明显的颈部。叶狭线形，肥厚，亮绿色。花茎中空；花单生于花茎顶端，下有带褐红色的佛焰苞状总苞，总苞片顶端2裂；花白色，外面常带淡红色；几无花被管，花被片6，顶端钝或具短尖头，近喉部常有很小的鳞片。蒴果近球形，3瓣开裂；种子黑色，扁平。花期秋季。

【分布】 原产南美。湖北省各地有栽培。

【生境】 生于草地、路边。

【传入与扩散】 **传入：**引种栽培供观赏。**扩散：**主要靠无性繁殖，繁殖能力强、生长速度快。

【危害及防控】 **危害：**繁殖能力强，发生面积大，具有入侵物种的特性，对入侵地生物多样性会造成威胁。**防控：**控制引种，及时铲除逸生植株。

葱莲 *Zephyranthes candida* (Lindl.) Herb.

1. 植株；2. 生境；3、4. 花

10. 韭莲 *Zephyranthes carinata* Herbert

Ⅳ级 一般入侵种　　石蒜科 Amaryllidaceae　　葱莲属 *Zephyranthes*

【别名】 红花葱兰、肝风草、韭菜莲、韭菜兰、风雨花。

【生物学特征】 多年生草本。鳞茎卵球形，直径2～3 cm。基生叶常数枚簇生，线形，扁平。花单生于花茎顶端，下有佛焰苞状总苞，总苞片常带淡紫红色，下部合生成管；花玫瑰红色或粉红色；花被裂片6，裂片倒卵形，顶端略尖。蒴果近球形；种子黑色。花期夏秋季。

【分布】 原产南美。湖北省各地有栽培。

【生境】 生于草地、路边。

【传入与扩散】 **传入：**引种栽培，可供观赏。**扩散：**主要靠无性繁殖，繁殖能力强，生长速度快。

【危害及防控】 **危害：**繁殖能力强，发生面积大，具有入侵物种的特性。**防控：**控制引种，及时铲除逸生植株。

韭莲 *Zephyranthes carinata* Herbert

1. 生境；2. 花

11. 风车草 *Cyperus involucratus* Rottboll

Ⅲ级 局部入侵种　莎草科 Cyperaceae　莎草属 *Cyperus*

【别名】 紫苏、旱伞草。

【生物学特征】 根状茎短，粗大，须根坚硬。秆稍粗壮，近圆柱状，基部包裹以无叶的鞘，鞘棕色。苞片 20 枚，向四周展开，平展；多次复出的长侧枝聚伞花序具多数第一次辐射枝，每个第一次辐射枝具 4～10 个第二次辐射枝；小穗密集于第二次辐射枝上端，压扁状，具 6～26 朵花；小穗轴不具翅；穗轴上的鳞片紧密地呈覆瓦状排列，膜质，卵形，顶端渐尖，苍白色，具锈色斑点（或为黄褐色），具 3～5 条脉。小坚果椭圆形，近于三棱形，褐色。

【分布】 原产非洲。湖北省有广泛分布。

【生境】 生于森林、草原地区，以及河流边缘、沼泽等。

【传入与扩散】 **传入：**作为园林造景植物引种栽培。**扩散：**种子繁殖，也可无性分蘖繁殖。

【危害及防控】 **危害：**生长迅速，根系发达，可大面积占领入侵地，排挤其他植物。**防控：**控制引种，人工铲除或化学防治。

风车草 *Cyperus involucratus* Rottboll
1. 生境；2. 植株

12. 香附子 *Cyperus rotundus* L.

V级 有待观察类 莎草科 Cyperaceae 莎草属 *Cyperus*

【别名】 香附、香头草、梭梭草、金门莎草。

【生物学特征】 匍匐根状茎长，具椭圆形块茎。秆稍细弱，锐三棱形，平滑，基部呈块茎状。叶较多，短于秆，平张；鞘棕色，常裂成纤维状。叶状苞片2～3（5）枚，常长于花序；长侧枝聚伞花序简单或复出，具2（3）～10个辐射枝；穗状花序轮廓为陀螺形，具3～10个小穗；小穗斜展开，线形，具8～28朵花；小穗轴具较宽的、白色透明的翅；鳞片稍密地呈覆瓦状排列，膜质，卵形或长圆状卵形，顶端急尖或钝，无短尖，中间绿色，两侧紫红色或红棕色，具5～7条脉。小坚果长圆状倒卵形，三棱状，具细点。花果期5—11月。

【分布】 原产非洲、南亚和欧洲。湖北省武汉市、宜昌市、恩施土家族苗族自治州、十堰市等地有分布。

【生境】 生于山坡、荒地、草丛或水边潮湿处。

【传入与扩散】 **传入：**传入方式不详。**扩散：**种子和营养繁殖。

【危害及防控】 **危害：**香附子生长快速，具有非常强的净化环境和抗污染能力，可修复被重金属污染的土壤，但有入侵风险。**防控：**控制引种，加强监测；可化学防治。

香附子 *Cyperus rotundus* L.
1、2. 花序；3. 植株

13. 野燕麦 *Avena fatua* L.

Ⅱ级 严重入侵种 禾本科 Poaceae 燕麦属 *Avena*

【别名】 燕麦草、乌麦、南燕麦。

【生物学特征】 一年生草本。须根较坚韧。秆直立，光滑无毛，叶鞘松弛，光滑或基部被微毛；圆锥花序开展，金字塔形；小穗轴密生淡棕色或白色硬毛，其节脆硬易断落；颖果被淡棕色柔毛，腹面具纵沟。花果期 4—9 月。

【分布】 原产南欧、地中海地区。湖北省武汉市、宜昌市、恩施土家族苗族自治州等地有分布。

【生境】 生于荒芜田野或山坡草地、路旁及农田中。

【传入与扩散】 **传入：**该种是世界性的恶性农田杂草，可能随进口麦子传入，19 世纪中叶曾先后在香港和福州被采到标本。**扩散：**种子繁殖。

【危害及防控】 **危害：**野燕麦是麦类作物田间的世界性恶性杂草，常与小麦混生，与小麦形态相似、生长发育时期相近，具有拟态竞争特性，并且是麦类赤霉病、叶斑病和黑粉病的寄主，严重威胁作物生产。**防控：**各地切实加强植物检疫制度，严格开展植物检疫工作，加强田间管理，严防传播蔓延。播种前精选麦种；大型收割机远程作业时，加强机械清理；牲畜粪便发酵腐熟后施用。（切断传播源）适当调整作物种植密度，合理密植，科学施肥，抑制和减少野燕麦的繁殖。人工拔除，结合麦田管理，在野燕麦成熟之前进行拔除。拔除要及时，大小一起拔，多次拔，不留后患。拔掉的野燕麦必须带出麦田，晒干粉碎或集中烧毁。

野燕麦 *Avena fatua* L.

1. 生境；2. 植株；3. 花序

14. 多花黑麦草 *Lolium multiflorum* Lam.

Ⅱ级 严重入侵种　　禾本科 Poaceae　　黑麦草属 *Lolium*

【别名】 意大利黑麦草、多花毒麦、多花黑麦、麦草。

【生物学特征】 一年生、越年生或短期多年生草本。秆直立或基部节上生根。叶鞘疏松；叶片扁平，无毛，腹面微粗糙。穗形总状花序直立或弯曲，穗轴柔软，无毛，表面微粗糙；小穗平滑无毛；颖披针形，质地较硬，具狭膜质边缘，顶端钝，通常与第一小花等长。外稃长圆状披针形，顶端膜质透明，具细芒，或上部小花无芒；内稃约与外稃等长，脊上具纤毛。颖果长圆形。花果期 7—8 月。

【分布】 原产欧洲。湖北省武汉市、黄冈市、恩施土家族苗族自治州有分布。

【生境】 生于荒地、田边和湿地旁。

【传入与扩散】 **传入：**20 世纪 30 年代，从美国引进并在南京进行引种试验。**扩散：**后来逸生至野外，繁殖迅速，造成入侵现象。

【危害及防控】 **危害：**多花黑麦草生长迅速，可产生大量种子，其危害主要表现为入侵天然草场、农田（麦田）和草坪，影响原生牧草的生长，破坏草坪景观，增加草坪维护成本。此外，该种还是赤霉病和冠锈病的寄主。在中国，该种主要入侵华中和华东地区，其他地区较少见。**防控：**控制引种栽培范围。多数常用的除草剂对多花黑麦草均具有良好的防治效果，如氯磺隆可有效控制小麦田中的多花黑麦草。但该物种存在多个具除草剂抗性的不同生物型。据报道，在美国有抗禾草灵的生物型，此外，还检测到该种对苯草酮、异丙隆等除草剂成分具有抗性。

多花黑麦草 *Lolium multiflorum* Lam.

1. 植株；2. 花

15. 黑麦草 *Lolium perenne* L.

Ⅱ级 严重入侵种　　禾本科 Poaceae　　黑麦草属 *Lolium*

【别名】 多年黑麦草、多年生黑麦草、黑燕麦。

【生物学特征】 多年生，具细弱根状茎。秆丛生，质软，基部节上生根。叶片线形，柔软，具微毛，有时具叶耳。穗状花序直立或稍弯；小穗平滑无毛；颖披针形，边缘狭膜质。外稃长圆形，草质，平滑，基盘明显，顶端无芒或上部小穗具短芒；内稃与外稃等长，两脊生短纤毛。花果期 5—7 月。

【分布】 原产欧洲。湖北省麻城市、宜都市有分布。

【生境】 黑麦草喜温凉湿润气候，宜于夏季凉爽、冬季不太寒冷的地区生长。

【传入与扩散】 **传入：**据徐旺生记载，20 世纪 30 年代，位于南京的原中央农业实验所和原中央林业实验所从美国引进 100 多份豆科和禾本科牧草的种子，在南京进行引种试验，其中就包含黑麦草。该种于 20 世纪 20 年代之前就已作为牧草被引入中国，首次引入地应为江苏南京。后来又从美国引入了黑麦草的一个品种‘洞墓-70’，在中国南北各省推广。**扩散：**由于黄淮流域小麦的栽培面积相对集中，该区域的黑麦草逸生种群分布亦非常广。可能扩散区域包括全国各省区。

【危害及防控】 **危害：**黑麦草具有许多杂草特性，能够迅速适应环境，产生大量种子，并且很容易随人类活动传播。该种造成的主要经济危害和与其相关的动物毒性问题有关，其中包括黑麦草蹒跚病（多发生在澳大利亚和新西兰）。**防控：**在荒山荒坡绿化时应控制该种的使用；在园林绿化中使用该种时，需对其进行定期地割草处理，防止其向周围蔓延。一些常规除草剂（如草甘膦、环丙嘧磺隆和氯磺隆等）对该种也有较好的防治效果。

黑麦草 *Lolium perenne* L.

1. 植株；2. 花序

16. 饭包草 *Commelina benghalensis* Linnaeus

Ⅳ级 一般入侵种 鸭跖草科 Commelinaceae 鸭跖草属 *Commelina*

【别名】 圆叶鸭跖草、狼叶鸭跖草、竹叶菜、火柴头。

【生物学特征】 多年生披散草本。茎大部分匍匐，节生根，茎上部及分枝上部向上生长，被疏柔毛；叶有柄，叶片卵形，近无毛，叶鞘口沿有疏而长的睫毛；萼片膜质，披针形，无毛；花瓣蓝色，圆形；花瓣内面2枚具长爪；蒴果椭圆状，3室，腹面2室每室2种子，2爿裂，后面1室1种子或无种子，不裂；种子多皱，有不规则网纹，黑色。花期夏秋季。

【分布】 原产亚洲和非洲的热带、亚热带地区。湖北省有广泛分布。

【生境】 生于公园、草地、路边、湿地等地。

【传入与扩散】 **传入：**传入方式不详。**扩散：**种子或无性繁殖。

【危害及防控】 **危害：**繁殖能力强，入侵农田、菜地和果园，影响作物生长。**防控：**人工拔除或化学防治。

饭包草 *Commelina benghalensis* Linnaeus
1. 生境；2. 花；3. 植株

17. 紫竹梅 *Tradescantia pallida* (Rose) D. R. Hunt

Ⅲ级 局部入侵种 鸭跖草科 Commelinaceae 紫露草属 *Tradescantia*

【别名】 紫鸭跖草、紫竹兰、紫锦草。

【生物学特征】 多年生草本。成株植株紫色，株高 30～50 cm；茎匍匐或下垂，多分枝，带肉质，紫红色，下部匍匐状，节上常生须根，节和节间明显，斜伸。叶无柄，单叶互生，叶紫色，长椭圆形，先端渐尖，全缘，基部抱茎而成鞘，鞘口被白色长毛，边缘被长纤毛。聚伞花序顶生或腋生，花桃红色。蒴果。花期 5—11 月。

【分布】 原产墨西哥。湖北省各地有栽培。

【生境】 生于草地、路边。

【传入与扩散】 **传入：**作为观赏植物引种栽培。**扩散：**繁殖能力很强，生长快速。

【危害及防控】 **危害：**生长迅速，繁殖能力强，具有入侵物种的特性，危害性有待观察。**防控：**控制引种，及时拔除逸生植株。

紫竹梅 *Tradescantia pallida* (Rose) D. R. Hunt
1. 植株；2. 花；3. 叶片

18. 紫露草 *Tradescantia ohiensis* Raf.

Ⅳ级 一般入侵种　　鸭跖草科 Commelinaceae　　紫露草属 *Tradescantia*

【别名】 鸭舌草、毛萼紫露草。

【生物学特征】 多年生草本植物，茎直立分节、壮硕、簇生；株丛高大；叶互生，每株5～7片线形或披针形茎叶。花序顶生，萼片绿色，花瓣蓝紫色；雄蕊6枚，3枚退化，2枚可育，1枚短而纤细、无花药；雌蕊1枚，子房卵圆形，具3室，花柱细长，柱头锤状。蒴果近圆形，无毛。花期6—10月。

【分布】 原产美洲热带地区。湖北省各地有栽培。

【生境】 生于草地、路边。

【传入与扩散】 **传入：**作为观赏植物引种栽培，在20世纪30—40年代已有引种栽培。**扩散：**种子或无性繁殖，繁殖能力强、生长速度快。

【危害及防控】 **危害：**繁殖能力强，具有入侵物种的特性，危害性有待观察。**防控：**控制引种，及时拔除逸生植株。

紫露草 *Tradescantia ohiensis* Raf.

1. 生境；2. 花序

19. 白花紫露草 *Tradescantia fluminensis* Vell.

V级 有待观察类　　鸭跖草科 Commelinaceae　　紫露草属 *Tradescantia*

【别名】 淡竹叶、白花紫鸭跖草。

【生物学特征】 多年生常绿草本。茎匍匐，光滑，带紫红色晕，有略膨大节，节处易生根。叶互生，长圆形或卵状长圆形，先端尖，背面深紫堇色，仅叶鞘上端有毛，具白色条纹。聚伞花序假顶生或侧生，无梗；花序为 2 片佛焰苞状苞片所包被；萼片舟状；花瓣 3 枚，离生或爪部基部合生，白色；雄蕊 6 枚，花丝有须毛；子房 3 室；蒴果 3 裂。花期 5—8 月，果期 9—11 月。

【分布】 原产巴西。湖北省各地有栽培。

【生境】 生于草地、路边。

【传入与扩散】 **传入：**作为观叶植物引种栽培。**扩散：**无性繁殖，繁殖能力强，生长速度快。

【危害及防控】 **危害：**繁殖能力强，具有入侵物种的特性，会影响生态环境和物种多样性。**防控：**控制引种，及时拔除逸生植株。

白花紫露草 *Tradescantia fluminensis* Vell.

1. 生境；2. 植株；3. 花序

20. 凤眼莲 *Eichhornia crassipes* (Mart.) Solme

Ⅰ级 恶性入侵种　雨久花科 Pontederiaceae　凤眼莲属 *Eichhornia*

【别名】 水葫芦、水浮莲、凤眼蓝。

【生物学特征】 浮水草本，根生于泥中；茎极短，具长匍匐枝。叶基生，莲座状，宽卵形或菱形，全缘，无毛，光亮，具弧状脉；叶柄长短不等，中部膨胀成囊状，内有气室，基部有鞘状苞片。花葶多棱角；花多数成穗状花序；花被裂片 6 枚，花瓣状，紫蓝色，花冠近两侧对称，四周淡紫红色，中间蓝色的中央有 1 黄色圆斑；蒴果卵形。花期 7—10 月，果期 8—11 月。

【分布】 原产巴西。湖北省武汉市、襄阳市、赤壁市等地有分布。

【生境】 生于水塘、湖泊、沟渠、水流较慢的河道、湿地及稻田中。

【传入与扩散】 **传入：**1901 年作为花卉从日本引入中国台湾，20 世纪 50 年代作为猪饲料推广后逸生。**扩散：**水葫芦可越冬生长，同时中国南方四通八达的水网也加剧了水葫芦的扩散。

【危害及防控】 **危害：**水葫芦堵塞水渠，影响农田水利，从而影响农田灌溉，使水稻减产或无法种植；入侵鱼塘、水库等淡水养殖水域，覆盖水面，导致水中溶解氧含量低，造成鱼、虾窒息死亡，影响水产养殖；与本地水生植物竞争光、营养和生长空间，导致本地水生植物腐烂死亡，污染水体，加剧水体富营养化程度。水葫芦抑制浮游生物的生长，为血吸虫和引起脑炎、流感等的病菌提供了滋生地，还滋生蚊蝇，严重危害动植物生长和人类健康。**防控：**在凤眼莲生长量最小的时候进行人工打捞，并辅以天敌昆虫水葫芦象甲（*Neochetina eichhorniae*）进行生物防治。

凤眼莲 *Eichhornia crassipes* (Mart.) Solme

1. 生境；2. 叶；3. 花序；4. 根部

21. 梭鱼草 *Pontederia cordata* L.

Ⅱ级 严重入侵种　　雨久花科 Pontederiaceae　　梭鱼草属 *Pontederia*

【别名】 白花梭鱼草、北美梭鱼草、海寿花。

【生物学特征】 多年生挺水草本植物，株高 20～80 cm；基生叶广卵圆状心形，顶端急尖或渐尖，基部心形，全缘；穗状花序顶生，小花密集，多在 200 朵以上，蓝紫色带黄斑点，花被裂片 6 枚，近圆形，裂片基部连接为筒状。果实初期绿色，成熟后褐色；果皮坚硬，种子椭圆形。花果期 7—10 月。

【分布】 原产北美。湖北省各地有栽培。

【生境】 生于水塘、沟渠及湿地。

【传入与扩散】 **传入：**作为水生观赏植物，在中国华中地区广泛引种栽培。**扩散：**分株繁殖和种子繁殖。

【危害及防控】 **危害：**繁殖速度快，具有化感作用，可抑制周围水生植物生长。**防控：**控制引种并加强监管，勿将梭鱼草残株抛弃于其他水域。

梭鱼草 *Pontederia cordata* L.

1. 生境；2. 花序；3. 植株

22. 雨久花 *Monochoria korsakowii* Regel et Maack

V级 有待观察类　　雨久花科 Pontederiaceae　　雨久花属 *Monochoria*

【别名】 浮蔷、河白菜、兰花草、蓝花草、蓝鸟花。

【生物学特征】 直立水生草本；根状茎粗壮，具柔软须根。茎直立，全株光滑无毛，基部有时带紫红色。叶基生和茎生；基生叶宽卵状心形，顶端急尖或渐尖，基部心形，全缘，具多数弧状脉；茎生叶叶柄渐短，基部增大成鞘，抱茎。总状花序顶生，有时再聚成圆锥花序；花 10 余朵；花被片椭圆形，顶端圆钝，蓝色。蒴果长卵圆形，种子长圆形，有纵棱。花期 7—8 月，果期 9—10 月。

【分布】 朝鲜、日本、俄罗斯西伯利亚地区，中国东北、华北、华中、华东和华南。湖北省武汉市、黄冈市、咸宁市等地有分布。

【生境】 生于池塘、湖沼靠岸的浅水处和稻田中。

【传入与扩散】 **传入：**传入方式不详。全草可作家畜、家禽的饲料；花美丽，可供观赏。**扩散：**种子和营养繁殖，通过水流扩散。

【危害及防控】 **危害：**生长快，常大片生长，堵塞沟渠，影响农田水利。**防控：**人工打捞或化学防治，据报道灵斯科 GF-3206 乳油对雨久花有较好的防治效果。

雨久花 *Monochoria korsakowii* Regel et Maack
1. 生境；2. 花序；3. 植株

23. 粉美人蕉 *Canna glauca* L.

V级 有待观察类 美人蕉科 Cannaceae 美人蕉属 *Canna*

【别名】 水生美人蕉、粉叶美人蕉、粉色美人蕉。

【生物学特征】 根状茎，茎绿色。叶片披针形，顶端急尖，基部渐狭，主体绿色，被白粉，边缘绿白色，透明；总状花序疏花，单生或分叉，稍高出叶上；苞片圆形，褐色，花黄色，无斑点；萼片卵形，绿色；花冠裂片线状披针形；唇瓣狭，倒卵状长圆形，顶端 2 裂，中部卷曲，淡黄色。蒴果长圆形。花期夏秋季。

【分布】 原产南美洲及西印度群岛。湖北省各地有栽培。

【生境】 生于水塘、湿地、沟渠、路边及荒地中。

【传入与扩散】 **传入：**引种栽培。**扩散：**种子和分株繁殖。

【危害及防控】 **危害：**主要作为观赏和生态修复植物，生长快，有一定的入侵风险。**防控：**控制引种。

粉美人蕉 *Canna glauca* L.

1. 生境；2～4. 花

24. 美人蕉 *Canna indica* L.

V级 有待观察类　美人蕉科 Cannaceae　美人蕉属 *Canna*

【别名】 蕉芋、红艳蕉、小花美人蕉、小芭蕉。

【生物学特征】 全株绿色；叶片卵状长圆形。总状花序疏花，略超出于叶片之上；花红色，单生；苞片卵形，绿色；萼片3，披针形，绿色而有时带红色；花冠裂片披针形，绿色或红色；唇瓣披针形。蒴果绿色，长卵形，有软刺。花果期3—12月。

【分布】 原产印度。湖北省各地有栽培。

【生境】 生于水塘、湿地、路边及荒地。

【传入与扩散】 **传入：**引种栽培。**扩散：**种子和营养繁殖。

【危害及防控】 **危害：**具有非常强的净化环境和抗污染能力，常用于湿地生态治理，但生长快，有入侵风险。**防控：**控制引种，加强监测。

美人蕉 *Canna indica* L.

1. 生境；2. 植株；3. 花；4. 花序

25. 再力花 *Thalia dealbata* Fraser

Ⅱ级 严重入侵种　竹芋科 Marantaceae　水竹芋属 *Thalia*

【别名】 竹芋、水莲蕉、塔利亚。

【生物学特征】 多年生挺水植物。叶片卵状披针形至长椭圆形，浅灰绿色，边缘紫色，全缘，叶背表面被白粉，叶腹面具稀疏柔毛，叶柄顶端和基部红褐色或淡黄褐色。复穗状花序，花冠筒呈短柱状，淡紫色，唇瓣兜形，上部暗紫色，下部淡紫色。蒴果近圆球形或倒卵状球形，浅绿色。花果期4—10月。

【分布】 原产墨西哥及美国东南部地区。湖北省各地有栽培。

【生境】 生于河流、水田、池塘、湖泊、沼泽等地。

【传入与扩散】 **传入：**作为挺水花卉引种栽培。**扩散：**可营养繁殖和种子繁殖，繁殖快，可随水流快速入侵。

【危害及防控】 **危害：**侵占力强，容易形成单一优势种群，并大面积侵占水域和河道，使得其他物种在地上地下都几乎没有生存空间，破坏生态系统的稳定性；根茎叶浸提液对其他植物的萌发和幼苗生长有抑制作用。**防控：**应定期跟踪和监控，每年春季或秋季，挖除部分再力花的地下根茎，以控制其营养繁殖速度，挖出的根茎应在太阳下暴晒至干死，避免根茎随淤泥繁殖扩散。

再力花 *Thalia dealbata* Fraser

1. 生境；2、3. 花序

26. 水盾草 *Cabomba caroliniana* A. Gray

V级 有待观察类　　莼菜科 Cabombaceae　　水盾草属 *Cabomba*

【别名】 竹节水松、百花穗莼、水松、华盛顿草。

【生物学特征】 多年生水生草本；沉水叶对生，3～4 回掌状细裂，末回裂成线形；浮水叶少数，仅出现在花期，互生于花枝顶端，盾状着生，狭椭圆形，全缘或基部有缺刻。花萼白色，边缘黄色，稀淡紫色或紫色；花瓣和萼片的颜色、大小基本一致，先端圆钝或凹陷，基部具爪，近基部具一对黄色腺体。花果期夏秋季。

【分布】 原产美洲。湖北省武汉市、咸宁市等地有分布。

【生境】 生于水流缓慢、水位稳定的小河道和中小型湖泊。

【传入与扩散】 **传入：**1993 年在浙江省鄞县（今宁波鄞州区）首次被发现，通过流动水体进行传播。**扩散：**通过观赏植物引种进行扩散。该种于 2016 年被列入《中国自然生态系统外来入侵物种名单（第四批）》。

【危害及防控】 **危害：**大量水盾草死亡后腐烂的过程极度耗氧，对渔业造成危害，同时影响水域水体质量。水盾草生态位较宽，可对原生种造成威胁，导致原生水生植物的多样性降低；入侵自然生态系统后，会阻碍航道、堵塞水渠等。**防控：**物理防治是在降低人工水域内水位或完全放水后，用机械设备反复清理，清除软沉积物，将水盾草连根拔起以降低生物量。化学防治借助化学农药实现，具有效果迅速、使用方便等特点，是一种有效控制有害生物灾害的手段。生物防治用到一种象甲（*Hydrotimetes natans* Kolbe），它是水盾草的天敌，以水盾草叶片和茎为食，综合评估后可以适当引入；此外，引入草食性鱼类也可以起到控制作用。

水盾草 *Cabomba caroliniana* A. Gray

1. 生境；2. 植株

27. 白睡莲 *Nymphaea alba* L.

V级 有待观察类 睡莲科 Nymphaeaceae 睡莲属 *Nymphaea*

【别名】 欧洲白睡莲。

【生物学特征】 多年生水生草本；根状茎匍匐；叶纸质，近圆形，基部具深弯缺，裂片尖锐，近平行或开展，全缘或波状，两面无毛，有小点。花梗略和叶柄等长；萼片披针形，脱落或花期后腐烂；花瓣 20～25，白色，卵状矩圆形，外轮比萼片稍长；花托圆柱形。浆果扁平至半球形；种子椭圆形。花期 6—8 月，果期 8—10 月。

【分布】 原产欧洲。湖北省各地有栽培。

【生境】 生于淡水性池沼。

【传入与扩散】 **传入：**作为景观植物引种栽培。**扩散：**种子或根茎营养繁殖。

【危害及防控】 **危害：**主要危害是覆盖水体，影响其他水生植物的光合作用及生长空间。**防控：**控制引种，及时清理该种生长面积过大的区域。

白睡莲 *Nymphaea alba* L.

1. 生境；2. 花

28. 红睡莲 *Nymphaea alba* var. *rubra* Lonnr.

V级 有待观察类　　睡莲科 Nymphaeaceae　　睡莲属 *Nymphaea*

【别名】 红荷根、红苹果荷根。

【生物学特征】 多年生水生草本；根状茎匍匐；叶纸质，近圆形，基部具深弯缺，裂片尖锐，近平行或开展，全缘或波状，两面无毛，有小点。花梗略和叶柄等长；萼片披针形，脱落或花期后腐烂；花粉红或玫瑰红色，卵状矩圆形，外轮比萼片稍长；花托圆柱形。浆果扁平至半球形；种子椭圆形。花期 6—8 月，果期 8—10 月。

【分布】 原产欧洲。湖北省各地有栽培。

【生境】 生于池沼。

【传入与扩散】 **传入：**作为景观植物引种栽培，具有很高的观赏价值。**扩散：**种子或营养繁殖。

【危害及防控】 **危害：**主要危害是覆盖水体，影响其他水生植物的光合作用及生长空间。**防控：**控制引种，发现逸生及时清理。

红睡莲 *Nymphaea alba* var. *rubra* Lonnr.

1. 生境；2、3. 花

29. 黄睡莲 *Nymphaea mexicana* Zucc.

V级 有待观察类 睡莲科 Nymphaeaceae 睡莲属 *Nymphaea*

【别名】 墨西哥黄睡莲、墨西哥睡莲。

【生物学特征】 多年生水生草本；根茎直立，块状；叶纸质，近圆形，基部具深弯缺，裂片尖锐，近平行或开展，全缘或波状，叶腹面具暗褐色斑纹，背面具黑色小斑点。花梗略和叶柄等长；萼片披针形，脱落或花期后腐烂；花黄色，卵状矩圆形，外轮比萼片稍长；花托圆柱形。浆果扁平至半球形；种子椭圆形。花期 6—8 月，果期 8—10 月。

【分布】 原产墨西哥。湖北省各地有栽培。

【生境】 生于池沼。

【传入与扩散】 **传入：**作为景观植物引种栽培，具有很高的观赏价值。**扩散：**繁殖力强，可通过走茎或种子进行繁殖，极易逸生野外。

【危害及防控】 **危害：**主要危害是覆盖水体，引起挤占当地物种生存空间和水体缺氧等一系列生态问题。**防控：**控制引种，及时清理逸生植株。

黄睡莲 *Nymphaea mexicana* Zucc.
1. 生境；2、3. 花

30. 蓝睡莲 *Nymphaea nouchali* var. *caerulea* (Savigny) Verdc.

V级 有待观察类 睡莲科 Nymphaeaceae 睡莲属 *Nymphaea*

【别名】 埃及蓝睡莲。

【生物学特征】 多年生水生草本植物；根状茎短粗；叶纸质，近圆形或椭圆形，叶片深裂至叶柄着生处，近全缘或分裂处有少数齿状，基部具深弯缺，叶腹面绿色，背面有紫色斑点，两面光滑无毛，叶柄绿色无毛。花梗细长；花浅蓝色；花萼基部四棱形，萼片革质，宽披针形或窄卵形，宿存。花期5—8月，果期8—10月。

【分布】 原产北非及墨西哥。湖北省各地有栽培。

【生境】 生于池塘。

【传入与扩散】 **传入：**作为景观植物引种栽培，具有很高的观赏价值。**扩散：**种子或营养繁殖。

【危害及防控】 **危害：**覆盖水体，挤占当地物种生存空间，造成水体缺氧。**防控：**控制引种，及时清理逸生植株。

蓝睡莲 *Nymphaea nouchali* var. *caerulea* (Savigny) Verdc.

1. 生境；2、3. 花

31. 博落回 *Macleaya cordata* (Willd.) R. Br.

Ⅲ级 局部入侵种　　罂粟科 Papaveraceae　　博落回属 *Macleaya*

【别名】 号筒杆、黄薄荷、叭拉筒、菠萝葵、菠萝筒、勃勒回。

【生物学特征】 直立草本，基部木质化，具乳黄色浆汁。茎绿色，光滑，多白粉，中空。叶片宽卵形或近圆形，通常 7 或 9 深裂或浅裂，腹面绿色，无毛，背面多有白粉，被易脱落的细绒毛，基出脉通常 5，侧脉 2 对，稀 3 对，细脉网状，常呈淡红色；叶柄上面具浅沟槽。苞片狭披针形。花芽棒状，近白色；萼片倒卵状长圆形，黄白色；花瓣无。蒴果狭倒卵形或倒披针形，无毛。花果期 6—11 月。

【分布】 原产中国，我国长江以南、南岭以北的大部分地区均有分布。湖北省有广泛分布。

【生境】 生于丘陵、低山林、灌丛或草丛。

【传入与扩散】 **传入：**传入方式不详。**扩散：**种子繁殖。

【危害及防控】 本种虽为国产种，但是在路边开阔地带生存能力极强，属于先锋植物，在湖北极常见且植株高大，全株富含有毒生物碱，影响伴生种的生长，因此收录为入侵植物。**危害：**全草有毒，牲畜误食会中毒；适应性较强，可大面积生长，对田间林地有入侵风险。**防控：**人工拔除。

博落回 *Macleaya cordata* (Willd.) R. Br.

1. 植株；2、3. 花

32. 日本小檗 *Berberis thunbergii* DC.

Ⅲ级 局部入侵种 小檗科 Berberidaceae 小檗属 *Berberis*

【别名】 刺檗、红叶小檗。

【生物学特征】 落叶灌木。枝条开展，具细条棱，幼枝淡红带绿色，无毛，老枝暗红色；茎刺单一。叶薄纸质，腹面绿色，背面灰绿色，无毛；花黄色，2～5 朵组成具总梗的伞形花序；小苞片卵状披针形，带红色；外萼片卵状椭圆形，先端近钝形，带红色；花瓣长圆状倒卵形，先端微凹，基部略呈爪状，具 2 枚靠近的腺体。浆果椭圆形，亮鲜红色。花期 4—6 月，果期 7—10 月。

【分布】 原产日本。湖北省各地有栽培。

【生境】 常栽培于庭园中或路旁。

【传入与扩散】 **传入：**引种栽培，日本小檗是小檗属中栽培最广泛的种之一，中国大部分省区市，特别是一些大城市常栽培此种于庭园中或路旁作绿化植物或绿篱用。**扩散：**种子繁殖。

【危害及防控】 **危害：**常见的园林绿化和绿篱植物，危害性有待观察。**防控：**控制引种。

日本小檗 *Berberis thunbergii* DC.
1. 植株；2. 花序；3. 枝条

33. 刺果毛茛 *Ranunculus muricatus* L.

Ⅲ级 局部入侵种　　毛茛科 Ranunculaceae　　毛茛属 *Ranunculus*

【别名】 野芹菜、刺果小毛茛。

【生物学特征】 一年生草本。须根扭转伸长。茎自基部多分枝，倾斜向上，近无毛。基生叶和茎生叶均有长柄；叶片近圆形，3 中裂至 3 深裂，裂片宽卵状楔形，通常无毛；叶柄无毛或边缘疏生柔毛，基部有膜质宽鞘。上部叶较小，叶柄较短。花多；花梗与叶对生，散生柔毛；萼片长椭圆形，带膜质，或有柔毛；花瓣 5，狭倒卵形，顶端圆，基部狭窄成爪，蜜槽上有小鳞片；瘦果扁平，椭圆形。花果期 4—6 月。

【分布】 原产欧洲和西亚。湖北省武汉市、神农架林区等地有分布。

【生境】 生于道旁、田野的杂草丛中。

【传入与扩散】 **传入：**无意引入。**扩散：**种子繁殖，随麦种扩散，也可因交通、自然因素扩散。

【危害及防控】 **危害：**农田主要杂草之一，对作物产量影响大，尤其对麦苗生长及小麦产量影响较大。**防控：**化学防治，用巨星、灭草松等除草剂效果较好。

刺果毛茛 *Ranunculus muricatus* L.

1. 生境；2. 花和果实；3. 植株

34. 石龙芮 *Ranunculus sceleratus* L.

Ⅲ级 局部入侵种　毛茛科 Ranunculaceae　毛茛属 *Ranunculus*

【别名】 打锣锤、鬼见愁、和尚菜、胡椒菜。

【生物学特征】 一年生草本。须根簇生，茎直立，上部多分枝，具多数节，下部节上有时生根，无毛或疏生柔毛。基生叶多数；叶片肾状圆形，基部心形，3 深裂不达基部，无毛。茎生叶多数，下部叶与基生叶相似；上部叶较小，3 全裂，无毛，基部扩大成膜质宽鞘且抱茎。聚伞花序有多数花，花梗无毛；萼片椭圆形，外面有短柔毛，花瓣 5，倒卵形，基部有短爪，蜜槽呈棱状袋穴。聚合果长圆形；瘦果极多数，近百枚，紧密排列，倒卵球形，稍扁。花果期 5—8 月。

【分布】 原产地不详。欧洲、北美洲的亚热带至温带地区及中国多地均有分布。湖北省武汉市、宜昌市、神农架林区等地有分布。

【生境】 生于河沟边及平原湿地。

【传入与扩散】 **传入：**传入方式不详。**扩散：**种子繁殖。

【危害及防控】 **危害：**田间恶性杂草，侵入农田，抢占水分及养分，造成作物减产。全草含原白头翁素，有毒，药用能消结核。**防控：**化学防治或人工铲除。

石龙芮 *Ranunculus sceleratus* L.

1. 生境；2. 花序；3. 植株

35. 田野毛茛 *Ranunculus arvensis* L.

Ⅳ级 一般入侵种　毛茛科 Ranunculaceae　毛茛属 *Ranunculus*

【别名】 野生毛茛。

【生物学特征】 一年生草本；茎直立，散生柔毛，有多数叉状分枝；基生叶菱形，3 浅裂，基部有宽鞘抱茎；茎生叶多数，3 出复叶，叶片三角形，小叶片 3 深裂，裂片再 2～3 裂，疏生细毛；上部叶无柄，叶片小，3 全裂；萼片窄长圆形，外面生柔毛；花瓣 5，与萼近等长；花托短，生白柔毛；聚合果球形。花果期 4—6 月。

【分布】 原产欧洲和西亚。湖北省有广泛分布。

【生境】 生于田野杂草丛、路边沙石地。

【传入与扩散】 **传入：**无意引入。**扩散：**可随人员流动，或因交通、自然因素扩散。

【危害及防控】 **危害：**入侵农田、苗圃等地，降低原生植被的多样性，影响林业及农业生产活动。**防控：**入侵面积较小，可在结实前人工拔除。

田野毛茛 *Ranunculus arvensis* L.

1. 植株；2. 果

36. 粉绿狐尾藻 *Myriophyllum aquaticum* (Vell.) Verdc.

Ⅲ级 局部入侵种　小二仙草科 Haloragaceae　狐尾藻属 *Myriophyllum*

【别名】 大聚藻。

【生物学特征】 多年生沉水或挺水草本；根状茎发达，在底泥中蔓延，节部生根。茎黄绿色，半蔓性，能匍匐湿地生长；上部为挺水枝，匍匐挺水；下部为沉水枝，多分枝，节部均生须状根。叶 5～7 枚轮生，羽状全裂，裂片丝状，绿蓝色；沉水叶丝状，红色，冬天枯萎脱落；花单生，单性，雌雄异株，穗状花序，白色。花期 7—8 月。

【分布】 原产南美洲。湖北省武汉市、咸宁市等地有分布。

【生境】 生于水稻田、沟渠、溪流、池塘等。

【传入与扩散】 **传入：**最早的标本于 1996 年在中国台湾台中市和河北平乡县平乡乌石坑的试验所水池中采集到，经广泛引种栽培，逃逸后扩散。**扩散：**根状茎具有强大的无性繁殖能力，果实与幼苗，甚至断落的茎段皆可随水流传播。

【危害及防控】 **危害：**在湖泊、河流等水体中大量生长，泛滥成灾，进而覆盖水体、阻塞河道，破坏水生生态平衡。**防控：**人工打捞清除，以及化学清除（研究表明草甘膦对水生植物粉绿狐尾藻的生长具有显著的抑制效果）。

粉绿狐尾藻 *Myriophyllum aquaticum* (Vell.) Verdc.

1. 生境；2. 植株

37. 五叶地锦 *Parthenocissus quinquefolia* (L.) Planch.

V级 有待观察类　　葡萄科 Vitaceae　　地锦属 *Parthenocissus*

【别名】 美国地锦、美国爬山虎。

【生物学特征】 木质藤本。小枝无毛，嫩芽为红色或淡红色；卷须总状，5～9分枝，嫩时顶端尖细而卷曲，遇附着物时扩大为吸盘。5小叶掌状复叶，小叶倒卵圆形，有粗锯齿，两面无毛或下表面脉上微被疏柔毛。圆锥状多歧聚伞花序假顶生，序轴明显；花萼碟形，边缘全缘，无毛；花瓣长椭圆形；果球形。花期6—7月，果期8—10月。

【分布】 原产北美。湖北省各地有栽培。

【生境】 生于路旁、公园、宅旁及墙边。

【传入与扩散】 **传入：**20世纪90年代末，五叶地锦作为城市园林绿化树种被引入陕西省神木县（今神木市）。**扩散：**种子或无性繁殖，可靠藤蔓蔓延生长，随引种种植扩散。

【危害及防控】 **危害：**生态适应性强，生长发育快速，吸盘有较强的吸附能力，可攀附在周围树木上，影响后者光合作用和生长，严重时将致其死亡。**防控：**控制引种，限定栽植范围，不要在山坡、河岸等野外栽植，防止逸生，发现逸生当及时铲除。

五叶地锦 *Parthenocissus quinquefolia* (L.) Planch.

1. 生境；2. 叶片

38. 紫穗槐 *Amorpha fruticosa* L.

V级 有待观察类　豆科 Fabaceae　紫穗槐属 *Amorpha*

【别名】 槐树、紫槐、棉槐、棉条、椒条。

【生物学特征】 落叶灌木。小枝灰褐色，被疏毛，后变无毛。叶互生，奇数羽状复叶，有小叶 11～25 片，基部有线形托叶；小叶卵形或椭圆形，腹面无毛或被疏毛，背面有白色短柔毛，具黑色腺点。穗状花序，密被短柔毛；花有短梗；花萼被疏毛或几无毛，萼齿三角形，较萼筒短；旗瓣心形，紫色，无翼瓣和龙骨瓣。荚果下垂，棕褐色。花果期 5—10 月。

【分布】 原产美国东部地区。湖北省有广泛分布。

【生境】 生于山坡、路旁、河岸及田地。

【传入与扩散】 **传入：**引种栽培。**扩散：**主要靠种子传播。

【危害及防控】 **危害：**优良绿肥，蜜源植物，危害性不明显，偶有逸生。**防控：**可以通过拔除逸生植株来达到防控目的。

紫穗槐 *Amorpha fruticosa* L.

1. 生境；2. 花序

39. 南苜蓿 *Medicago polymorpha* L.

Ⅳ级 一般入侵种　　豆科 Fabaceae　　苜蓿属 *Medicago*

【别名】 金花菜、黄花草子。

【生物学特征】 一年生或二年生草本，株高 20～90 cm；茎平卧、斜向上或直立，无毛或微被毛；羽状三出复叶，腹面无毛，背面被疏柔毛；花序头状伞形，花冠黄色，旗瓣倒卵形，微被毛；荚果盘形，暗绿褐色。花期 3—5 月，果期 5—6 月。

【分布】 原产印度。湖北省主要在武汉市、宜昌市、十堰市等地有分布。

【生境】 田边、路旁、草地、沟谷。

【传入与扩散】 19 世纪中叶，在中国出版的《植物名实图考》对此种已有记载；《中国主要植物图说》对该种亦有收录；中国南方各省引种栽培南苜蓿作绿肥，与水稻轮种，历史悠久。**传入：**人为带入，栽植作牧草、绿肥。**扩散：**人为引进栽培后逸为野生或混杂于农作物种子中传播，可种子繁殖或营养繁殖。入侵过程中，蔓生快，种子繁殖容易；易随人工栽植活动传播，也可混杂于农作物种子中传播或种子靠风力传播。根系发达，生长健壮，对土壤要求不严，耐寒性强，抗干旱，适应性强；因含苜蓿皂苷而具有抗植食性昆虫、抗真菌等作用。

【危害及防控】 **危害：**该种为旱地杂草，逸生地及栽培园圃会发生霜霉病、苜蓿白粉病、苜蓿锈病，危害程度较轻。**防控：**应严格引种，避免将种子带入农田，出现入侵时可以用施泰隆、甲硫嘧磺隆除草剂防除。

南苜蓿 *Medicago polymorpha* L.
1. 生境；2、3. 花序；4. 叶片与果

40. 紫苜蓿 *Medicago sativa* L.

V级 有待观察类　　豆科 Fabaceae　　苜蓿属 *Medicago*

【别名】 苜蓿。

【生物学特征】 多年生草本，株高 0.3～1 m；茎直立、丛生以至平卧，无毛或微被柔毛；羽状三出复叶，腹面无毛，背面被贴伏柔毛；花序总状或头状，花冠淡黄、深蓝或暗紫色；荚果螺旋状。花期 5—7 月，果期 6—8 月。

【分布】 原产西亚。湖北省主要在武汉市、十堰市郧阳区等地有分布。

【生境】 生于田边、路旁、旷野、草原、河岸及沟谷等地。

【传入与扩散】 大约公元前 100 多年，汉代张骞出使西城时首先引种到陕西，中国汉代引入的苜蓿应该是开紫花的苜蓿。陕西省、浙江省将其引种栽培作蜜源植物。1931 年，该种已引至中国台湾地区，现已归化或形成入侵；《中国主要植物图说》《重要牧草栽培》和《西藏植物志》均收录了该种。**传入：**人为有意带入，栽植作牧草、绿肥、蜜源植物。**扩散：**种子容易繁殖，也可随人工栽植活动传播，或混杂于农作物种子中传播，或种子靠风力传播。

【危害及防控】 **危害：**该种为旱地杂草，有时危害农作物、果园等，造成减产；有时抑制当地乡土植物生长但危害不大。**防控：**控制引种，精选种子，出现入侵时可以人工拔除或用施泰隆、草甘膦、二甲四氯除草剂来防除。

紫苜蓿 *Medicago sativa* L.
1. 生境；2. 花序；3. 植株

41. 草木樨 *Melilotus officinalis* (L.) Pall.

Ⅲ级 局部入侵种　　豆科 Fabaceae　　草木樨属 *Melilotus*

【别名】 白香草木樨、黄香草木樨、辟汗草、黄花草木樨。

【生物学特征】 一年生或二年生草本；茎直立、粗壮，多分枝，具纵棱，微被柔毛；羽状三出复叶，全缘，腹面无毛，背面散生短柔毛，托叶镰状线形；花萼钟形，萼齿三角状披针形，稍不等长，短于萼筒；花冠黄色，旗瓣倒卵形，与翼瓣近等长，龙骨瓣稍短，或三者近等长，雄蕊筒在花后常宿存包于果外；荚果卵形，先端具宿存花柱，棕黑色。花期5—9月，果期6—10月。

【分布】 原产西亚至南欧一带。湖北省主要于武汉市、恩施土家族苗族自治州、神农架林区有分布。

【生境】 生于山坡、河岸、路旁、沙质草地及林缘。

【传入与扩散】 **传入：**黄花草木樨最初作为牧草在橘园、草场等地被广泛种植，并具有较高的药用价值。**扩散：**依靠种子繁殖，种子产量高，能保持长时间较高的种子萌发率，对沙埋环境具有一定的适应能力。

【危害及防控】 **危害：**繁殖快，对其他植物具有较强的化感抑制作用，对入侵地生物多样性造成严重威胁。**防控：**出现入侵时可以人工拔除或用化学除草剂来防除。

草木樨 *Melilotus officinalis* (L.) Pall.
1. 生境；2. 花序；3. 植株

42. 常春油麻藤 *Mucuna sempervirens* Hemsl.

Ⅱ级 严重入侵种　豆科 Fabaceae　油麻藤属 *Mucuna*

【别名】 棉麻藤、牛马藤、常绿油麻藤、油麻藤。

【生物学特征】 常绿木质藤本，长可达 25 m。老茎树皮有皱纹，幼茎有纵棱和皮孔。羽状复叶具 3 小叶；托叶脱落，小叶纸质或革质，顶生小叶椭圆形，侧生小叶极偏斜，无毛；侧脉 4～5 对，在两面明显，背面凸起。总状花序生于老茎上，每节上有 3 花，无香气或有臭味；苞片狭倒卵形，具短硬毛，小苞片卵形或倒卵形；花萼密被暗褐色伏贴短毛，外面被稀疏的金黄色或红褐色脱落的长硬毛，萼筒宽杯形；花冠深紫色，干后黑色。果木质，带形，种子 4～12 颗。花期 4—5 月，果期 8—10 月。

【分布】 原产中国，我国西南与中南各省区市有分布。湖北省武汉市、咸宁市、恩施土家族苗族自治州等地有分布。

【生境】 生于亚热带森林、灌木丛、溪谷、河边。

【传入与扩散】 **传入：**传入方式不详。**扩散：**种子繁殖。

【危害及防控】 本种虽原产中国，但号称“绞杀植物”“森林杀手”，对高大木本植物的破坏性较大，因此收录为入侵植物。**危害：**缠绕藤本，生长能力强，能缠绕并绞杀其他木本植物，且具有化感作用。**防控：**人工砍除。

常春油麻藤 *Mucuna sempervirens* Hemsl.

1、2. 生境；3. 果荚；4、5. 花

43. 刺槐 *Robinia pseudoacacia* L.

Ⅳ级 一般入侵种　　豆科 Fabaceae　　刺槐属 *Robinia*

【别名】 洋槐花、槐花、伞形洋槐、塔形洋槐。

【生物学特征】 落叶乔木，高 10～25 m；树皮灰褐色至黑褐色，浅裂至深纵裂，稀光滑；羽状复叶长 10～25（40）cm，小托叶针芒状；总状花序腋生，花多数，芳香，苞片早落；花冠白色，各瓣均具瓣柄，旗瓣近圆形；荚果褐色，具尖头，果颈短，沿腹缝线具狭翅；花萼宿存，有种子 2～15 粒。花期 4—6 月，果期 8—9 月。

【分布】 原产美国东部。湖北省主要在武汉市、鄂城区、咸宁市、利川市、宣恩县、鹤峰县、神农架林区等地有分布。

【生境】 生于山坡、路旁、荒地。

【传入与扩散】 **传入：**人为引进。陈诏绂在《金陵园墅志》中记载，清光绪三至四年（1877—1878），由日本引种刺槐到南京，1897 年从欧洲引入青岛，最初称洋槐。**扩散：**种子或根蘖繁殖。种子数量大，繁殖力强，加之其根蘖繁殖力旺盛，因此刺槐生长繁殖很快。

【危害及防控】 **危害：**目前，刺槐林虽用途广泛、生态效益佳，但该种易形成优势种群，影响入侵地的生物多样性。对中国北方地区的影响较重，对南方地区影响轻微或没有危害。此外，刺槐叶片上常寄生刺槐叶瘿蚊，其属于外来入侵林业有害生物。**防控：**北方地区应控制种植规模，多方开展深加工利用，减少刺槐的分布量；南方地区应严格控制引种以达到防控目的。

刺槐 *Robinia pseudoacacia* L.

1. 生境；2. 果序；3. 花序；4. 枝与皮刺

44. 双荚决明 *Senna bicapsularis* (L.) Roxb.

Ⅲ级 局部入侵种 豆科 Fabaceae 决明属 *Senna*

【别名】 金边黄槐、双荚黄槐、腊肠仔树。

【生物学特征】 直立灌木，多分枝，无毛。叶长 7～12 cm，有小叶 3～4 对；小叶倒卵形或倒卵状长圆形，膜质，背面粉绿色，侧脉纤细，在近边缘处呈网结状；在最下方的一对小叶间有黑褐色线形而钝头的腺体 1 枚。总状花序生于枝条顶端的叶腋间，常集成伞房花序状，长度约与叶相等，花鲜黄色。荚果圆柱状，膜质，直或微曲，缝线狭窄；种子 2 列。花期 10—11 月，果期 11 月至翌年 3 月。

【分布】 原产美洲热带地区。湖北省武汉市有栽培。

【生境】 生于路旁、荒地、高速路口、公园等。

【传入与扩散】 **传入：**20 世纪 90 年代，广东省及广西壮族自治区从国外引种栽培，将该种应用于园林绿化。**扩散：**主要靠种子传播，在南方地区归化、入侵。

【危害及防控】 **危害：**主要作为栽培植物观赏，危害性不明显，偶有逸生。如果大量生长会影响当地植物的群落结构。**防控：**加强监测，可以通过拔除逸生植株、控制引种来达到防控目的。

双荚决明 *Senna bicapsularis* (L.) Roxb.

1. 花枝；2. 花；3. 花序

45. 望江南 *Senna occidentalis* (Linnaeus) Link

Ⅳ级 一般入侵种 豆科 Fabaceae 决明属 *Senna*

【别名】 黎茶、羊角豆、狗屎豆、野扁豆、茳芒决明。

【生物学特征】 直立、少分枝的亚灌木或灌木，无毛；分枝茎草质，有棱，根黑色。叶柄近基部有大而带褐色的圆锥形腺体1枚。小叶4～5对，膜质，卵形至卵状披针形，有小缘毛；托叶膜质，卵状披针形，早落；花数朵组成伞房状总状花序，腋生和顶生，早脱；荚果带状镰形，褐色，扁平，种子间有薄隔膜。花期4—8月，果期6—10月。

【分布】 原产美洲热带地区。湖北省主要于武汉市、荆门市、黄冈市有分布。

【生境】 生于河边滩地、旷野或丘陵地区的灌木林或疏林中。

【传入与扩散】 **传入：**中国较早期的标本有1917年9月28日采自广东省的标本，有意引进，人工引种。**扩散：**种子繁殖，种子数量大，繁殖能力强；也可混入作物种子中传播，或随带土苗木传播。

【危害及防控】 **危害：**该种有微毒，牲畜误食过量易致死。其为一般性杂草，危害轻微。**防控：**应控制引种，或利用二甲四氯、麦草畏（百草敌）进行化学防控。

望江南 *Senna occidentalis* (Linnaeus) Link
1. 植株；2. 花枝；3. 花；4. 果序；5. 种子

46. 田菁 *Sesbania cannabina* (Retz.) Poir.

Ⅲ级 局部入侵种 豆科 Fabaceae 田菁属 *Sesbania*

【别名】 向天蜈蚣、碱青、涝豆。

【生物学特征】 一年生亚灌木状草本；茎绿色，有时带褐红色，微被白粉；偶数羽状复叶，有小叶 20～30（40）对，小叶线状长圆形，先端钝或平截，基部圆，两侧不对称，两面被紫褐色小腺点，幼时背面疏生绢毛；小托叶钻形，宿存；小枝疏生白色绢毛，与叶轴及花序轴均无皮刺；荚果细长圆柱形，具喙。花果期 7—12 月。

【分布】 原产西亚。湖北省有广泛分布。

【生境】 生于水田、水沟等潮湿低地。

【传入与扩散】 **传入：**作为绿肥植物引种栽培。**扩散：**主要靠种子传播。

【危害及防控】 **危害：**田菁对生态修复、土壤改良有重要价值，对改良盐碱地与提高土壤肥力有显著效果，危害性有待观察。**防控：**可以通过拔除逸生植株、控制引种来达到防控目的。

田菁 *Sesbania cannabina* (Retz.) Poir.

1. 植株；2. 叶片

47. 红车轴草 *Trifolium pratense* L.

Ⅱ级 严重入侵种　　豆科 Fabaceae　　车轴草属 *Trifolium*

【别名】 红三叶。

【生物学特征】 短期多年生草本，生长期2～5（9）年；主根深入土层达1 m；茎粗壮，具纵棱，直立或斜向上，疏生柔毛或秃净；掌状三出复叶，托叶近卵形，膜质；两面疏生褐色长柔毛，叶面上常有V字形白斑；花序球状或卵状，顶生；无总花梗或具甚短总花梗，包于顶生叶的托叶内；花冠紫红色至淡红色，旗瓣匙形；荚果卵形；通常有1粒扁圆形种子。花果期5—9月。

【分布】 原产欧洲中部。湖北省有广泛分布。

【生境】 生于林缘、路边、草地等湿润处。

【传入与扩散】 **传入：**作为牧草引进。该种的相关记载见于《重要牧草栽培》《中国主要植物图说》和《中国外来入侵物种编目》。中国较早期的标本有1922年7月26日采自江西省的标本（A. N. Steward 0726；FNU21SCO001F0031939）。**扩散：**人工种植，种子繁殖，可通过散落的种子逸生。

【危害及防控】 **危害：**根系分泌化感物质影响其他作物生长，危害程度较严重。**防控：**应控制引种。

红车轴草 *Trifolium pratense* L.
1. 生境；2. 花序

48. 白车轴草 *Trifolium repens* L.

Ⅱ级 严重入侵种　　豆科 Fabaceae　　车轴草属 *Trifolium*

【别名】 荷兰翘摇、白三叶、三叶草。

【生物学特征】 短期多年生草本，生长期长可达 5 年，高 10～30 cm；主根短，侧根和须根发达，节上生根，全株无毛；掌状三出复叶，托叶卵状披针形，膜质；花序球形，顶生，密集，无总苞；花冠白色、乳黄色或淡红色，具香气；旗瓣椭圆形；花柱比子房略长；荚果长圆形，种子阔卵形，通常 3 粒。花果期 5—10 月。

【分布】 原产北非、中亚、西亚和欧洲。湖北省有广泛分布。

【生境】 可在酸性土壤中生长，也可以在沙土中生长，喜阳耐阴。

【传入与扩散】 **传入：**19 世纪引种栽培，作牧草或观赏植物、蜜源植物。中国较早期的标本有 1908 年 3 月 11 日采自云南省的标本（钟观光 4967；N128082754）。**扩散：**以匍匐茎和种子繁殖，种子逸生、营养扩增。

【危害及防控】 **危害：**侵入农田，危害轻微，对局部地区的蔬菜、幼林有危害。**防控：**严格防控引种栽培区域，当该种侵入田间、果园或疏林时，应及时铲除。

白车轴草 *Trifolium repens* L.

1. 生境；2. 植株；3. 花序

49. 大麻 *Cannabis sativa* L.

V级 有待观察类 大麻科 Cannabaceae 大麻属 *Cannabis*

【别名】 火麻、野麻、胡麻、线麻、山丝苗、汉麻。

【生物学特征】 一年生直立草本，枝具纵沟槽，密生灰白色贴伏毛。叶掌状全裂，表面深绿，微被糙毛，背面幼时密被灰白色贴状毛，后变无毛，边缘具向内弯的粗锯齿，中脉及侧脉在上表面微下陷，背面隆起；叶柄密被灰白色贴伏毛；托叶线形。雄花序黄绿色，花被5，外面被细伏贴毛；雌花绿色，花被1。瘦果为宿存黄褐色苞片所包，果皮坚脆，具细网纹。花期5—6月，果期7月。

【分布】 原产不丹、印度及中亚。湖北省有广泛分布。

【生境】 生于山坡、路旁、旷野、农田、水边。

【传入与扩散】 **传入：**可能由鸟类携带种子传入中国境内并自然传播，后随人类活动传播至全国各地，成为古代常见的栽培作物之一。大麻在中国的传播途径还有多种可能性，还需要更多证据证明。**扩散：**种子传播，许多杂食性鸟类会食用其种子，也可以靠鸟类长距离传播。

【危害及防控】 **危害：**常见的农田杂草，主要危害北方地区的旱地作物（如大豆和玉米），一般发生量较小，危害不大。**防控：**规范种植，对于侵入田间的大麻可以在花果期前拔除。

大麻 *Cannabis sativa* L.

1. 生境；2. 植株

50. 葎草 *Humulus scandens* (Lour.) Merr.

I 级 恶性入侵种　　大麻科 Cannabaceae　　葎草属 *Humulus*

【别名】 锯锯藤、拉拉藤、葛勒子秧、勒草、拉拉秧、割人藤、拉狗蛋。

【生物学特征】 缠绕草本，茎、枝、叶柄均具倒钩刺。叶纸质，肾状五角形，掌状 5～7 深裂，稀为 3 裂，基部心脏形，表面粗糙，疏生糙伏毛，背面有柔毛和黄色腺体，裂片卵状三角形，边缘具锯齿。雄花小，黄绿色，圆锥花序；雌花序球果状，苞片纸质，三角形，顶端渐尖，具白色绒毛；子房为苞片包围，柱头 2，伸出苞片外。瘦果成熟时露出苞片外。花期春夏，果期秋季。

【分布】 全球广布种，原产地不详；中国南北各省区市均有分布。湖北省有广泛分布。

【生境】 生于沟边、荒地、废墟、林缘边。

【传入与扩散】 **传入：**传入方式不详。**扩散：**种子繁殖，几乎遍布全国各地。

【危害及防控】 **危害：**恶性杂草，繁殖能力强，缠绕、覆盖其他植物，影响作物产量；浸提液具有化感作用。**防控：**人工铲除或化学防治。

葎草 *Humulus scandens* (Lour.) Merr.

1. 生境；2. 叶片；3. 花序

51. 红花酢浆草 *Oxalis corymbosa* DC.

Ⅰ级 恶性入侵种　　酢浆草科 Oxalidaceae　　酢浆草属 *Oxalis*

【别名】 多花酢浆草、紫花酢浆草、南天七、铜锤草、大酸味草。

【生物学特征】 多年生直立草本；具球状鳞茎；叶基生，小叶 3，扁圆状倒心形，腹面被毛或近无毛；背面疏被毛；托叶长圆形，与叶柄基部合生；花梗具披针形干膜质苞片 2 枚；萼片 5，披针形，顶端具暗红色小腺体 2 枚；花瓣 5，淡紫或紫红色；花丝被长柔毛。花果期 3—12 月。

【分布】 原产美洲热带地区。湖北省有广泛分布。

【生境】 生于山地、路旁、荒地或水田。

【传入与扩散】 **传入：** 以观赏植物引种栽培，广布于华南、华北、华中、云南等地，现逃逸为常见的田间杂草。**扩散：** 主要依靠地下鳞茎进行无性繁殖，繁殖及扩散迅速，适应性、抗逆性、侵占性和再生能力强。

【危害及防控】 **危害：** 典型的旱地恶性杂草，对本土植物有显著化感抑制作用。**防控：** 人工铲除，也可进行化学防除，除草剂必须在翻犁整地时进行喷施，以杀死地下鳞茎，如此才能根治。

红花酢浆草 *Oxalis corymbosa* DC.

1. 生境；2. 花序；3. 花；4. 叶片

52. 飞扬草 *Euphorbia hirta* L.

Ⅲ级 局部入侵种 大戟科 Euphorbiaceae 大戟属 *Euphorbia*

【别名】 飞相草、乳籽草、大飞扬。

【生物学特征】 一年生草本；根径3～5 mm，常不分枝，茎自中部向上分枝或不分枝，被褐色或黄褐色粗硬毛；叶对生，腹面为绿色，背面为灰绿色，两面被柔毛，叶柄极短；花序多数，被疏柔毛，花柱分离；果实为三棱状蒴果。花果期6—12月。

【分布】 原产美国南部至阿根廷、西印度群岛。湖北省武汉市、秭归县、罗田县、利川市等地区有分布。

【生境】 生于路旁、草丛、灌丛及山坡，多见于沙质土。

【传入与扩散】 **传入：**无意引入，中国较早期的标本有1820年采自澳门的标本。**扩散：**该种每株可产约2 000粒种子，易繁殖，借助水、人、畜等外力就能传播很远。

【危害及防控】 **危害：**该种为常见杂草，因繁殖及传播能力强，常常危害农作物的生长。全株有毒，误食会导致腹胀气。在海南，该种为螺旋粉虱的寄主植物。**防控：**在开花前期进行人工拔除可达到防控目的。

飞扬草 *Euphorbia hirta* L.

1. 生境；2. 植株

53. 斑地锦草 *Euphorbia maculata* L.

Ⅲ级 局部入侵种　大戟科 Euphorbiaceae　大戟属 *Euphorbia*

【别名】 斑地锦。

【生物学特征】 一年生草本；根纤细，茎为匍匐茎，被白色疏柔毛；叶对生，腹面绿色，中部常具有一个长圆形的紫色斑点，叶背淡绿色或灰绿色，新鲜时可见紫色斑，叶柄极短，边缘具睫毛；杯状聚伞形花序单生于叶腋，基部具短柄，黄绿色，横椭圆形，边缘具白色附属物；蒴果三角状卵形。花果期4—9月。

【分布】 原产北美。湖北省主要在武汉市、黄冈市、荆门市、神农架林区、恩施土家族苗族自治州等地有分布。

【生境】 生于平原、近山坡的路旁、湿地、草地、墙角、砖缝等地。

【传入与扩散】 **传入：**无意引入。**扩散：**种子随农作物引种、皮草销售等人类活动传播，也可受交通、自然因素等影响传播扩散。借助风、水、人、畜等外力就能传播得很远。

【危害及防控】 **危害：**旱地里常见的杂草，全株有毒。**防控：**加强对进口种子的检疫。开花前可以人工拔除以达到防控目的。

斑地锦草 *Euphorbia maculata* L.

1. 生境；2. 植株；3、4. 花

54. 通奶草 *Euphorbia hypericifolia* L.

Ⅲ级 局部入侵种　　大戟科 Euphorbiaceae　　大戟属 *Euphorbia*

【别名】 小飞扬草、南亚大戟。

【生物学特征】 一年生草本，根纤细。茎直立，自基部分枝或不分枝，无毛或被少许短柔毛。叶对生，狭长圆形或倒卵形，通常偏斜，不对称，边缘全缘或基部以上具细锯齿，腹面深绿色，背面淡绿色，有时略带紫红色，两面被稀疏的柔毛，或腹面的毛早脱落；托叶三角形，分离或合生。苞叶 2 枚，与茎生叶同形。花序数个簇生于叶腋或枝顶，总苞陀螺状。蒴果三棱状。花果期 8—12 月。

【分布】 原产美洲。湖北省于武汉市、黄冈市、荆州市、恩施土家族苗族自治州等地有分布。

【生境】 生于旷野荒地、路旁、灌丛及田间。

【传入与扩散】 **传入：**无意引入。**扩散：**种子繁殖，可随农作物引种传播，易受交通、自然因素等影响传播扩散。

【危害及防控】 **危害：**旱地里常见的杂草，全草入药。**防控：**人工铲除，开花前拔除可达到防控目的。

通奶草 *Euphorbia hypericifolia* L.

1. 植株；2. 花序；3. 果序

55. 蓖麻 *Ricinus communis* L.

Ⅲ级 局部入侵种 大戟科 Euphorbiaceae 蓖麻属 *Ricinus*

【别名】 大麻子、老麻子、草麻、洋金豆。

【生物学特征】 一年生或多年生粗壮草本或草质灌木，株高可达 5 m；叶互生，边缘具锯齿，托叶早落；花雌雄同株，无花瓣，无花盘；总状或圆锥花序，雄花生于花序下部，雌花生于上部；果实为蒴果，卵球形。花期 6—9 月或几乎全年。

【分布】 原产东非。湖北省主要在武汉市、罗田县、利川市、建始县、巴东县、咸丰县、鹤峰县、神农架林区等地有分布。

【生境】 常生于低海拔地区的村旁、林边、河岸、荒地和沟渠畔。

【传入与扩散】 **传入：**公元 659 年，苏敬等撰写的《唐本草》首次记载描述了该种。蓖麻早在公元 6 世纪就作为药用植物被引入中国；20 世纪 50 年代，该种作为油脂植物被推广。**扩散：**人工引种弃植后逸生，种子可通过啮齿类动物或食谷类的鸟来传播，也可以随水流传播，还可能与垃圾等废弃物一同被抛至野外。

【危害及防控】 **危害：**逸生后成为高位杂草，排挤本地植物或危害栽培植物。在南方地区，多年生的蓖麻也是多种病虫害的寄主，为一些害虫越冬创造条件。蓖麻种子含蓖麻毒蛋白及蓖麻碱，一旦误食即会中毒甚至死亡。**防控：**应控制在适宜栽培区种植，从而达到防控目的。

蓖麻 *Ricinus communis* L.

1. 生境；2. 种子；3. 果；4. 花序

56. 野老鹳草 *Geranium carolinianum* L.

Ⅱ级 严重入侵种　　牻牛儿苗科 Geraniaceae　　老鹳草属 *Geranium*

【别名】 老鹳嘴、老鸦嘴、贯筋、老贯筋、老牛筋。

【生物学特征】 一年生草本；茎直立或仰卧；基生叶早枯，茎生叶互生或最上部对生；托叶外被短柔毛；茎下部叶具长柄，被倒向短柔毛，上部叶柄渐短；叶片圆肾形，基部心形，掌状5～7裂近基部，下部楔形、全缘，上部羽状深裂，小裂片被短伏毛；花序腋生和顶生，被倒生短毛和开展长腺毛，每花序梗具2花；萼片被柔毛或沿脉被开展糙毛和腺毛；花瓣淡紫红色；蒴果被糙毛。花期4—7月，果期5—9月。

【分布】 原产北美洲。湖北省有广泛分布。

【生境】 生于平原、荒坡和低山的杂草丛，以及田园和路边。

【传入与扩散】 **传入：**无意引入，或因差旅、交通途径被携带入境。**扩散：**随人员流动等交通或自然途径扩散。

【危害及防控】 **危害：**野老鹳草茎水浸液对玉米、大豆、花生的种子萌发和幼苗生长均存在化感作用，且化感作用的大小与水浸液浓度呈正相关，影响农作物的生产。**防控：**在花期前拔除可达到防控目的。

野老鹳草 *Geranium carolinianum* L.

1. 生境；2. 花序及果序；3. 花序；4. 叶片、花及果

57. 天竺葵 *Pelargonium hortorum* Bailey

Ⅳ级 一般入侵种　　牻牛儿苗科 Geraniaceae　　天竺葵属 *Pelargonium*

【别名】 臭海棠、洋绣球、石蜡红、洋葵、驱蚊草、蝴蝶梅。

【生物学特征】 多年生草本。茎直立，基部木质化，上部肉质，密被短柔毛；托叶与叶柄被柔毛和腺毛；叶片圆形或肾形，两面被透明短柔毛，表面叶缘以内有暗红色马蹄形环纹。伞形花序腋生，具多花；萼片外面密被腺毛和长柔毛；花瓣红色、橙红色、粉红或白色，基部具短爪。蒴果，被柔毛。花期5—7月，果期6—9月。

【分布】 原产非洲南部。湖北省各地有栽培。

【生境】 生于杂草丛、公园绿地和路边。

【传入与扩散】 **传入：**引种栽培。**扩散：**种子或营养繁殖，人为栽培扩散或逸生。

【危害及防控】 **危害：**据文献记载，天竺葵提取物对番茄有化感作用。**防控：**控制引种，一发现逸生植株就拔除可达到防控目的。

天竺葵 *Pelargonium hortorum* Bailey
1. 植株；2. 花

58. 细叶萼距花 *Cuphea hyssopifolia* Kunth

Ⅲ级 局部入侵种　千屈菜科 Lythraceae　萼距花属 *Cuphea*

【别名】 紫花满天星、细叶雪茄花。

【生物学特征】 常绿矮灌木，多分枝；高 20～50 cm；叶小，对生或近对生，纸质，狭长圆形至披针形，顶端稍钝或略尖，基部钝，全缘；花单朵，生于叶腋，紫色或紫红色，花瓣 6 片；蒴果近长圆形，较少结果。四季开花。

【分布】 原产墨西哥。湖北省各地有栽培。

【生境】 生于公园、路边和水边。

【传入与扩散】 **传入：**作为观赏植物引种栽培。**扩散：**种子繁殖，人为引种扩散。

【危害及防控】 **危害：**可入侵农田、苗圃、果园等地，会降低原生植被的多样性。**防控：**控制引种，人工拔除。

细叶萼距花 *Cuphea hyssopifolia* Kunth

1. 植株；2. 花

59. 假柳叶菜 *Ludwigia epilobioides* Maxim.

Ⅲ级 局部入侵种　柳叶菜科 Onagraceae　丁香蓼属 *Ludwigia*

【别名】 丁香蓼、红豇豆、黄花水丁香、水蓼。

【生物学特征】 一年生直立草本。茎四棱形，带紫红色，多分枝；叶窄椭圆形或窄披针形，先端渐尖，基部窄楔形；萼片4～5（6），三角状卵形，4～5棱，被微柔毛；花瓣黄色，倒卵形；雄蕊与萼片同数，花药具单体花粉；柱头球状，顶端微凹；花盘无毛；蒴果近无梗，初时具4～5棱，表面瘤状隆起，熟时淡褐色。花期6—7月，果期8—9月。

【分布】 原产地不详，中国、日本、朝鲜、俄罗斯远东地区、越南都有分布。湖北省于武汉市、十堰市、恩施土家族苗族自治州、宜昌市等地有分布。

【生境】 生于湖、塘、稻田、溪边等湿润处。

【传入与扩散】 **传入：**传入方式不详。**扩散：**种子或营养繁殖，可随水流扩散。

【危害及防控】 **危害：**主要田间杂草之一，发生面积大，对作物有一定危害。**防控：**人工铲除，可喷洒除草剂防治。

假柳叶菜 *Ludwigia epilobioides* Maxim.
1. 植株；2. 花序；3. 叶片；4. 花；5. 茎

60. 月见草 *Oenothera biennis* L.

Ⅱ级 严重入侵种　　柳叶菜科 Onagraceae　　月见草属 *Oenothera*

【别名】 夜来香、山芝麻。

【生物学特征】 二年生直立草本，被曲柔毛与伸展长毛，在茎枝上端常混生有腺毛；穗状花序，不分枝或在主序下面具次级侧生花序；苞片叶状，宿存；萼片长圆状披针形，自基部反折又在中部上翻；花瓣黄色，稀淡黄色，宽倒卵形，先端微凹；子房密被伸展长毛与短腺毛，有时混生曲柔毛；蒴果锥状圆柱，绿色。花期 6—10 月，果期 7—11 月。

【分布】 原产北美洲东部。湖北省各地有栽培。

【生境】 生于开旷荒坡（山坡）、幼林地、轻盐碱地、路旁、河滩等处。

【传入与扩散】 **传入：**有意引进（引种观赏），后逸生。**扩散：**人工引种扩散。入侵特点有三，繁殖力较强，开花后结果率高，每个果实产生的种子量大，栽培后容易逸生为杂草；人为活动可使其远距离传播，种子细小，也容易通过风力作用短距离传播；适应性强，耐干旱、耐瘠薄，能够在不同的环境条件下生长。

【危害及防控】 **危害：**化感作用强，会排挤其他植物生长，从而形成密集型的单优势种群落，威胁当地的植物多样性。**防控：**严格控制引种，结果前人工拔除是比较理想的防治方法，必要时采用施放草甘膦、氯氟吡氧乙酸等化学防治方法。

月见草 *Oenothera biennis* L.
1. 生境；2. 植株；3. 花序

61. 美丽月见草 *Oenothera speciosa* Nutt.

V级 有待观察类　　柳叶菜科 Onagraceae　　月见草属 *Oenothera*

【别名】 粉晚樱草、粉花月见草。

【生物学特征】 多年生草本植物，株高 40～50 cm；叶互生，披针形，先端尖，基部楔形，下部有波缘或疏齿，上部近全缘，绿色；花单生或 2 朵着生于茎上部叶腋，花瓣 4，粉红色，具暗色脉缘，雄蕊黄色，雌蕊白色；蒴果。花期夏季。

【分布】 原产美洲温带地区。湖北省各地有栽培。

【生境】 生于开旷荒坡（山坡）、幼林地、轻盐碱地、路旁、河滩等处。

【传入与扩散】 **传入：**有意引进，引种观赏。**扩散：**随人工引种扩散。

【危害及防控】 **危害：**观赏性强，可片植于园路边、疏林下、庭前。危害情况有待观察。**防控：**严格控制引种，结果前人工拔除。

美丽月见草 *Oenothera speciosa* Nutt.

1. 生境；2. 花；3. 植株

62. 苘麻 *Abutilon theophrasti* Medicus

Ⅲ级 局部入侵种　锦葵科 Malvaceae　苘麻属 *Abutilon*

【别名】 苘、车轮草、磨盘草、桐麻、白麻、青麻。

【生物学特征】 一年生亚灌木状草本，茎枝被柔毛。叶互生，圆心形，先端长渐尖，基部心形，边缘具细圆锯齿，两面均密被星状柔毛；花单生于叶腋，被柔毛，近顶端具节；花萼杯状，密被短绒毛，卵形；花黄色，花瓣倒卵形；雄蕊柱平滑无毛，顶端平截。蒴果半球形；种子肾形，褐色，被星状柔毛。花期 7—8 月。

【分布】 原产印度。湖北省武汉市、十堰市竹溪县、十堰市房县、丹江口市、鹤峰县、神农架林区、赤壁市有分布。

【生境】 生于路旁、荒地和田野。

【传入与扩散】 **传入：**有意引入，早期用于制作麻类织物。**扩散：**种子繁殖。

【危害及防控】 **危害：**苘麻是农田、荒地或路旁常见的一种杂草，会危害棉花、豆类、薯类、瓜类、叶菜类、果树等农作物生长，危害程度较小。**防控：**应在花期之前进行人工拔除以达到防控目的。

苘麻 *Abutilon theophrasti* Medicus
1. 植株；2. 果；3. 叶片；4. 叶片与果序；5. 花

63. 野西瓜苗 *Hibiscus trionum* L.

V级 有待观察类　　锦葵科 Malvaceae　　木槿属 *Hibiscus*

【别名】 火炮草、黑芝麻、小秋葵、灯笼花、香铃草。

【生物学特征】 一年生直立或平卧草本，茎柔软，被白色星状粗毛。叶二型，下部的叶圆形，不分裂，中裂片较长，两侧裂片较短，裂片倒卵形至长圆形，通常羽状全裂，腹面疏被粗硬毛或无毛，背面疏被星状粗刺毛；叶柄被星状粗硬毛和星状柔毛；托叶线形，被星状粗硬毛。花单生于叶腋；花萼钟形，淡绿色，被粗长硬毛或星状粗长硬毛；花淡黄色，内侧基部紫色；蒴果长圆状球形，黑色；种子肾形，黑色，具腺状突起。花期 7—10 月。

【分布】 原产非洲。湖北省十堰市房县、神农架林区有分布。

【生境】 全国多地皆有生长，无论平原、山野、丘陵或田埂，处处有之，是常见的田间杂草之一。

【传入与扩散】 **传入：**农作物引种。**扩散：**种子繁殖，可随人类活动传播扩散。

【危害及防控】 **危害：**常见的农田杂草，多生长在旱作物地、果园中，与栽培植物竞争水源和养分，易导致农作物减产。**防控：**应精选作物种子，防止无意夹带和混入；及时人工拔除幼苗，防止其开花结实后种子进一步散播。

野西瓜苗 *Hibiscus trionum* L.
1. 植株；2. 花序；3. 花

64. 刺蒴麻 *Triumfetta rhomboidea* Jacq.

Ⅳ级 一般入侵种　　锦葵科 Malvaceae　　刺蒴麻属 *Triumfetta*

【别名】 细种苍耳子、细叶痴头猛、黄花虱麻头、细号虱母头、黄花虱母头。

【生物学特征】 亚灌木，嫩枝被灰褐色短茸毛。叶纸质，茎下部的阔卵圆形，先端常 3 裂，茎上部的长圆形；腹面有疏毛，背面有星状柔毛，基出脉 3～5 条，边缘有不规则的粗锯齿。聚伞花序数枝腋生，花序柄及花柄均极短；萼片狭长圆形，顶端有角，被长毛；花瓣比萼片略短，黄色，边缘有毛。果球形，不开裂，被灰黄色柔毛，具勾针刺。花期夏秋季。

【分布】 原产亚洲热带地区及非洲。湖北省有广泛分布。

【生境】 生于荒地、草坡或路旁。

【传入与扩散】 **传入：**传入方式不详。**扩散：**种子繁殖，可附着于动物毛发传播。

【危害及防控】 **危害：**入侵农田及果园，危害程度较小。**防控：**可人工拔除。

刺蒴麻 *Triumfetta rhomboidea* Jacq.
1. 生境；2. 植株；3. 果序；4. 花序

65. 地桃花 *Urena lobata* L.

Ⅳ级 一般入侵种　锦葵科 Malvaceae　梵天花属 *Urena*

【别名】 毛桐子、牛毛七、石松毛、红孩儿。

【生物学特征】 直立亚灌木状草本，小枝被星状绒毛。茎下部的叶近圆形，中部的叶卵形，上部的叶长圆形至披针形；叶腹面被柔毛，背面被灰白色星状绒毛；托叶线形，早落。花淡红色，花梗被绵毛；花瓣 5，倒卵形，外面被星状柔毛。果扁球形，分果爿被星状短柔毛和锚状刺。花期 7—10 月。

【分布】 原产亚洲热带地区。湖北省有广泛分布。

【生境】 生于干热的空旷地、草坡或疏林下。

【传入与扩散】 **传入：**传入方式不详。**扩散：**种子繁殖，种子有刺，可附着于动物毛发传播。

【危害及防控】 **危害：**长江以南极常见的野生植物之一，入侵农田及空地，危害程度较小。**防控：**人工拔除可达到防控目的。

地桃花 *Urena lobata* L.
1. 植株；2. 花；3. 果；4. 花序及果序

66. 臭荠 *Lepidium didymum* L.

Ⅲ级 局部入侵种　　十字花科 Brassicaceae　　独行菜属 *Lepidium*

【别名】 芸芥、臭芸芥、臭独行菜。

【生物学特征】 一年生或二年生匍匐草本，全株有臭味；主茎短且不显明，基部多分枝，无毛或有长单毛。叶为一回或二回羽状全裂，裂片 3～5 对，两面无毛。花极小，萼片具白色膜质边缘；花瓣白色，长圆形，比萼片稍长，或无花瓣。种子肾形，红棕色。花期 3 月，果期 4—5 月。

【分布】 原产南美洲。湖北省各地有分布。

【生境】 生于苗圃、农场、公园草坪、路旁或荒地。

【传入与扩散】 **传入：**无意引入。20 世纪初，臭荠传入中国香港、上海、厦门等沿海港口城市，有可能通过航海贸易过程中无意混入的种子传入中国。**扩散：**臭荠的种子成熟后，可受鸟类、鼠类、水流、风力及人类活动等因素的影响扩展到其他区域。

【危害及防控】 **危害：**臭荠是影响农作物生长的重要杂草之一，同时臭荠也生长于人工草地之中，通过养分竞争，影响作物和草坪的生长。日本、澳大利亚和美国的一些地区的研究表明，以混入臭荠的饲料喂养奶牛，会使奶牛的生乳产生异味，造成经济损失。臭荠容易形成大面积单优势群落，会占据主导生态位，使伴生物种失去生存空间，降低物种多样性。**防控：**深翻播种是一种有效的防控措施，利用了臭荠种子细小、出土萌发的特点；化学防治相应的除草剂有二甲四氯、莠去津、伴地农、阔叶散、溴嘧草醚悬浮剂等。

臭荠 *Lepidium didymum* L.

1. 生境；2. 花

67. 北美独行菜 *Lepidium virginicum* Linnaeus

Ⅲ级 局部入侵种　　十字花科 Brassicaceae　　独行菜属 *Lepidium*

【别名】 大叶香荠、独行菜、拉拉根。

【生物学特征】 一年生或二年生草本；茎单一，直立，上部分枝，具柱状腺毛。基生叶倒披针形，羽状分裂或大头羽裂，边缘有锯齿，两面有短伏毛；茎生叶有短柄，边缘有尖锯齿或全缘。总状花序顶生；萼片椭圆形；花瓣白色。短角果近圆形，扁平，有窄翅，顶端微缺。种子卵形，光滑，红棕色，边缘有窄翅。花期4—5月，果期6—7月。

【分布】 原产北美洲。湖北省各地有分布。

【生境】 生于路边荒地、山坡草丛和园林绿地。

【传入与扩散】 **传入：**该种可能于20世纪初以种子形式被无意带入。**扩散：**种子常随农业机械或混杂在小麦等粮食作物中扩散，因此农业生产活动与贸易是影响该种传播扩散的主要因素。自然传播方式以风力传播为主，动物的皮毛有时也会携带种子进而传播。

【危害及防控】 **危害：**北美独行菜是一种常见的、较耐旱的杂草，在作物农田中常有发生，特别在旱地上发生较为严重。其通过养分竞争、空间竞争和化感作用，影响作物的正常生长，造成减产。另外，北美独行菜也是棉蚜、麦蚜及甘蓝霜霉病病菌和白菜病病毒等的中间寄主，有利于这些病虫害越冬。**防控：**深翻耕地是减少农田中该种数量的有效方法之一，也可通过短时积水，降低其生活力与竞争力。化学防治常用克阔乐、莠去津、赛克津、百草枯、伴地农等除草剂，幼苗时化学防治效果较好。

北美独行菜 *Lepidium virginicum* Linnaeus
1. 生境；2. 植株；3. 果序；4. 花序

68. 豆瓣菜 *Nasturtium officinale* R. Br.

Ⅳ级 一般入侵种　　十字花科 Brassicaceae　　豆瓣菜属 *Nasturtium*

【别名】 西洋菜。

【生物学特征】 多年生水生草本，全体光滑无毛。茎匍匐或浮水生，多分枝，节上生不定根。单数羽状复叶，小叶片 3～7（9）枚，叶柄基部成耳状，略抱茎。总状花序顶生，花多数；萼片长卵形，边缘膜质，基部略呈囊状；花瓣白色，倒卵形或匙形，具脉纹，基部渐狭成细爪。长角果圆柱形而扁。花期 4—5 月，果期 6—7 月。

【分布】 原产西亚和欧洲。湖北省各地有分布。

【生境】 生于流动缓慢的水中、水沟边、山涧河边、沼泽地或水田中。

【传入与扩散】 **传入：**19 世纪，豆瓣菜由葡萄牙引入中国。它在广东省的栽培历史最长，之后逐渐引入华南其他地区、华东、西南多数省份以及台湾等地作绿色蔬菜栽培。至 20 世纪 90 年代后，北方各省也相继大面积地开发利用。据其标本可推测，该种率先在西南、华东以及华北地区逸生直至成为入侵种，华南地区反而少有逸生或入侵的报道。**扩散：**主要因人为引种栽培传播至各地。其种子和植株片段可随水流传播，也可附于泥土中而随人类或动物无意传播。

【危害及防控】 **危害：**豆瓣菜为长在溪流、稻田处的一种杂草，多片状群生，覆盖水面，堵塞水道，破坏生态平衡，有时可入侵农田，影响水稻生长。该种首次侵入新生境时往往扩散迅速，随着时间的推移其入侵性逐渐减弱。**防控：**规范引种栽培，不随意丢弃该种植株，防止其向周围扩散，尤其在浅水生境更要注意。对已扩散的种群应及时拔除。其化学防治和生物防治方面的信息缺乏。

豆瓣菜 *Nasturtium officinale* R. Br.

1. 生境；2. 植株；3. 花

69. 齿果酸模 *Rumex dentatus* L.

Ⅱ级 严重入侵种 蓼科 Polygonaceae 酸模属 *Rumex*

【别名】 滨海酸模、齿果酸膜、大黄。

【生物学特征】 一年生草本。茎直立，自基部分枝，枝斜向上，具浅沟槽。茎下部叶长圆形或长椭圆形，茎生叶较小。花序总状，顶生和腋生，由数个再组成圆锥状花序，多花，轮状排列，花轮间断；花梗中下部具关节；外花被片椭圆形；内花被片果时增大，三角状卵形，网纹明显，全部具小瘤，边缘每侧具2～4个刺状齿；瘦果卵形，具3锐棱，黄褐色，有光泽。花期5—6月，果期6—7月。

【分布】 原产地不详，主要分布在尼泊尔、印度、阿富汗、哈萨克斯坦及欧洲东南部；中国华北、西北、华东、华中等地亦有分布。湖北省有广泛分布。

【生境】 生于沟边湿地、山坡、路旁。

【传入与扩散】 **传入：**传入方式不详。**扩散：**种子或分株繁殖。

【危害及防控】 **危害：**繁殖能力强，适应性强，可侵入农田湿地，具有化感作用。**防控：**人工铲除和农药防治。

齿果酸模 *Rumex dentatus* L.

1. 生境；2. 植株；3. 果序

70. 巴天酸模 *Rumex patientia* L.

Ⅱ级 严重入侵种　蓼科 Polygonaceae　酸模属 *Rumex*

【别名】 羊蹄。

【生物学特征】 多年生草本。根肥厚；茎直立，粗壮，上部分枝，具深沟槽。基生叶长圆形或长圆状披针形；茎上部叶披针形；托叶鞘筒状，膜质。花序圆锥状，大型；花两性；花梗细弱，中下部具关节；关节果时稍膨大，外花被片长圆形，内花被片果时增大，顶端圆钝，基部深心形，边缘近全缘，具网脉，全部或部分具小瘤。瘦果卵形，具3锐棱，褐色，有光泽。花期5—6月，果期6—7月。

【分布】 原产地不详，广泛分布于亚洲的哈萨克斯坦、俄罗斯、蒙古、中国、朝鲜及欧洲、加拿大等地。湖北省有广泛分布。

【生境】 生于沟边湿地、水边。

【传入与扩散】 **传入：**传入方式不详。**扩散：**种子或分株繁殖。

【危害及防控】 **危害：**常见杂草，生长快，适应性强，可侵入农田、沟渠。**防控：**人工铲除和农药防治。

巴天酸模 *Rumex patientia* L.
1. 植株；2. 果序；3. 果

71. 球序卷耳 *Cerastium glomeratum* Thuill.

Ⅳ级　一般入侵种　　石竹科　Caryophyllaceae　　卷耳属　*Cerastium*

【别名】 圆序卷耳、婆婆指甲菜。

【生物学特征】 一年生草本。茎单生或丛生，密被长柔毛，上部混生腺毛。茎下部叶叶片匙形，基部渐狭成柄状；上部茎生叶叶片倒卵状椭圆形，两面皆被长柔毛，边缘具缘毛，中脉明显。花序轴密被腺柔毛；苞片密被柔毛；花梗细，密被柔毛；萼片5，外面密被长腺毛；花瓣5，白色，顶端2浅裂，基部被疏柔毛。蒴果长圆柱形，种子褐色。花期3—4月，果期5—6月。

【分布】 原产欧洲。湖北省各地有分布。

【生境】 生于路边荒地、田间地头、房前屋后、沙质河岸、山坡草丛以及林缘或林间空地。

【传入与扩散】 **传入：**无该种的引种记录，可能经中国西部地区自然传播或人类无意携带传播入中国境内，传入时间应早于明朝初年。**扩散：**种子传播，常随人类的农业活动或带土花卉苗木的贸易进行长距离传播。爱尔兰研究者观察到其种子可黏附于鸟类（如鸥类）的足或羽毛上进行传播。

【危害及防控】 **危害：**世界性杂草，主要在生长季节危害菜地、果园、林地以及园林绿化等。在中国南方多见于山坡上的夏收作物地，但危害不重。在长江流域多发生于沿江冲积土形成的平原中，尤其对于冲积平原上麦–棉轮作的旱地，是该地区发生量最大的有害植物，危害严重，对小麦的前、中期生长影响较大。**防控：**二甲四氯、百草敌等化学防治效果较好。

球序卷耳 *Cerastium glomeratum* Thuill.
1. 生境；2. 花序；3. 植株

72. 喜旱莲子草 *Alternanthera philoxeroides* (Mart.) Griseb.

I 级 恶性入侵种　苋科 Amaranthaceae　莲子草属 *Alternanthera*

【别名】 空心莲子草、水花生、革命草、水蕹菜、空心苋、长梗满天星、空心莲子菜。

【生物学特征】 多年生草本；茎基部匍匐，管状，具不明显 4 棱，幼茎及叶腋有白色或锈色柔毛，茎老时无毛。叶片矩圆形、矩圆状倒卵形或倒卵状披针形，两面无毛或腹面有贴生毛及缘毛，背面有颗粒状突起。头状花序单生在叶腋，球形；苞片及小苞片白色；花被片矩圆形，白色，光亮，无毛。花期 5—10 月。

【分布】 原产南美洲。湖北省武汉市、咸宁市、恩施土家族苗族自治州、宜昌市、襄阳市等地有分布。

【生境】 生于农田、城市绿化带、荒地等。

【传入与扩散】 **传入：**1940 年由日本人引种至上海郊区作为饲料，后逸生。此外，《中国外来入侵种》（2002 年版）中记载该种在 1892 年被报道发现于上海附近岛屿。**扩散：**20 世纪 60—70 年代，大养该种植物以作猪、羊草料成了广大群众的自觉要求，此后该种大量逸生并迅速蔓延。

【危害及防控】 **危害：**大面积泛滥的喜旱莲子草不仅堵塞航道，影响水上交通，同时还破坏了河道中的生物多样性，令不少其他物种逐渐消失。该种可入侵公园、草坪等城市绿化带，破坏园林景观，加大养护成本。**防控：**研究表明，在田间推荐剂量下有 17 种药剂对喜旱莲子草的防效较好，鲜重防效大于 80%，其中氯氟吡氧乙酸对喜旱莲子草的防治效力最高。

喜旱莲子草 *Alternanthera philoxeroides* (Mart.) Griseb.

1. 生境；2. 植株；3. 花；4. 花序

73. 反枝苋 *Amaranthus retroflexus* L.

Ⅰ级 恶性入侵种　苋科 Amaranthaceae　苋属 *Amaranthus*

【别名】 野苋菜、苋菜、西风谷。

【生物学特征】 一年生草本，茎密被柔毛。叶菱状卵形或椭圆状卵形，两面及边缘被柔毛，背面毛较密；穗状圆锥花序，花被片长圆形或长圆状倒卵形，薄膜质，中脉淡绿色，具凸尖；胞果扁卵形，环状横裂，包在宿存花被片内；种子近球形。花期 7—8 月，果期 8—9 月。

【分布】 原产墨西哥。湖北省有广泛分布。

【生境】 生于田园内、农地旁、房屋附近的草地上，有时也生在瓦房上。

【传入与扩散】 **传入：**韦安阜在 1958 年将反枝苋作为上海的一种杂草报道。根据标本资料，反枝苋在中国较早的标本记录是 1914 年 8 月 25 日采自天津的标本（PE00150806）。**扩散：**反枝苋跟随人类的迁移而传播，随后侵入耕地。

【危害及防控】 **危害：**反枝苋是各种田间杂草中最具有破坏性和竞争性的杂草之一，它会导致大豆、玉米、棉花、甜菜、高粱和其他多种蔬菜作物持续减产。据报道，反枝苑对其他杂草和作物都具有化感作用。它的茎和分枝可以累积和浓缩硝酸盐，对牲畜有毒。苋属植物靠风力传粉，会引起人类的过敏反应。**防控：**幼苗阶段即可拔除，成熟植株采用机械防除时应注意防止其从机械损伤中恢复并产生腋生花序。Conley 等发现采用土堆法种植土豆可以很好地控制反枝苋。通过抑制光合作用，反枝苋很容易受一些除草剂的影响；它对合成植物生长素类除草剂非常敏感，大多数用于防治阔叶杂草的除草剂也对其有良好的防治作用。

反枝苋 *Amaranthus retroflexus* L.

1. 生境；2. 植株；3. 花序

74. 凹头苋 *Amaranthus blitum* Linnaeus

Ⅱ级 严重入侵种　　苋科 Amaranthaceae　　苋属 *Amaranthus*

【别名】 野苋。

【生物学特征】 一年生草本，全体无毛；茎伏卧而斜向上，淡绿色或紫红色。叶片卵形或菱状卵形，顶端凹缺。花成腋生花簇，直至下部叶的腋部，生在茎端和枝端的花形成直立穗状花序或圆锥花序；花被片矩圆形或披针形，淡绿色。胞果扁卵形，不裂，微皱缩而近平滑，超出宿存花被片。种子圆形，黑色或黑褐色，具环状边。花期7—8月，果期8—9月。

【分布】 原产美洲热带地区。湖北省有广泛分布。

【生境】 生于田野、房屋附近的杂草地上。

【传入与扩散】 **传入：**传入方式不详。凹头苋在中国的早期记载见于北宋时期《物类相感志》一书和明代兰茂所著的《滇南本草》，均被记载为野苋菜。1827年，英国Beechey等在澳门发现该种。清代吴其濬于1841—1846年编撰的《植物名实图考》中将其记载为“苋”，供食用和药用。该种在《物类相感志》中被记载作药用，在《滇南本草》中被记载作为蔬菜食用，说明其在北宋时已有分布，传入时间可能更早。推测其早期为有意引入，作药用植物和蔬菜。**扩散：**种子量大，混入粮食等农产品中随货物运输而传播到各地。

【危害及防控】 **危害：**凹头苋是日本山地农田的三大主要杂草之一，在美国也是如此，还是巴西咖啡地里的常见杂草。凹头苋在马来西亚的人工林中扩散越来越严重。在巴西，牛食用凹头苋的幼苗后会中毒甚至丧命。**防控：**在凹头苋苗期，采用传统的耕作方式容易控制；凹头苋对异丙甲草胺和草甘膦等大多数除草剂较为敏感，可对其进行化学防除。

凹头苋 *Amaranthus blitum* Linnaeus

1. 植株；2. 叶片；3. 花

75. 刺苋 *Amaranthus spinosus* L.

Ⅱ级 严重入侵种　　苋科 Amaranthaceae　　苋属 *Amaranthus*

【别名】 勒苋菜、竻苋菜。

【生物学特征】 一年生草本。茎多分枝，几无毛。叶菱状，叶柄无毛，基部两侧各有 1 刺。花单性或杂性；圆锥花序腋生和顶生；一部分苞片变成尖刺，一部分呈狭披针形；花被片绿色；胞果矩圆形，盖裂；种子近球形，黑色或带棕黑色。花果期 7—11 月。

【分布】 原产美洲热带地区。湖北省十堰市、荆门市有分布。

【生境】 生于耕地、牧场、果园、菜地、路边、垃圾堆、荒地和次生林。

【传入与扩散】 **传入：**无意带入。1849 年，Moquin-Tandon 记载了刺苋在中国有分布。李振宇在《中国外来入侵种》一书中记载，刺苋于 19 世纪 30 年代末在澳门被发现。1956 年刺苋在浙江省杭州市华家池被报道为杂草。刺苋现在很少有栽培，是种植园（果园）、作物地和牧场里的主要杂草之一。**扩散：**随着作物、牧草种子和农业机械传播。

【危害及防控】 **危害：**主要危害玉米、棉花、花生、甘蔗、杧果、高粱、大豆、烟草、香蕉、菠萝等作物，导致其减产。该种植株富含硝酸盐，可能导致家畜误食后中毒。刺苋能排挤本地植物，导致入侵地生物多样性降低，在入侵地占主导地位，也能侵入岛屿生态系统及天然草原。此处，该植株具坚硬的刺，会扎伤人畜。**防控：**刺苋对大多数用于阔叶杂草的标准除草剂很敏感。在泰国，通过施用 *Hypolixus trunultulus* 已经能成功控制刺苋的生长。

刺苋 *Amaranthus spinosus* L.
1. 植株；2. 枝；3. 叶片；4、5. 花序

76. 皱果苋 *Amaranthus viridis* L.

Ⅱ级 严重入侵种　　苋科 Amaranthaceae　　苋属 *Amaranthus*

【别名】 绿苋。

【生物学特征】 一年生草本，全体无毛；茎直立，有不显明棱角，绿色或带紫色。叶片卵形、卵状矩圆形或卵状椭圆形，有1芒尖；叶柄绿色或带紫红色。圆锥花序顶生，由穗状花序形成；苞片及小苞片披针形；花被片矩圆形或宽倒披针形，内曲，背部有1绿色隆起中脉。胞果扁球形，绿色，不裂，极皱缩。种子近球形，具薄且锐的环状边缘。花期6—8月，果期8—10月。

【分布】 原产非洲热带地区。湖北省有广泛分布。

【生境】 房屋周边的杂草地上或田野间。

【传入与扩散】 **传入：**1861年，Bentham在*Flora Hongkongensis*（《香港植物志》）中记录皱果苋在香港有分布，并且记录其是广布于热带和亚热带地区的杂草。1875年，Debeaux在*Florule de Shang-hai*（《上海花卉植物》）中记录皱果苋分布于香港和江苏。中国较早的标本记录是Callery于1844年采自澳门的标本，保存于法国自然历史博物馆（P04617694）。**扩散：**由于其种子很小，因此可随着人类的种植、迁移等活动在世界范围内有意或无意地传播。

【危害及防控】 **危害：**皱果苋是菜地和秋季旱作物田间的常见杂草，可与凹头苋杂交，猪食用后会中毒。由于与刺苋需求的养分不同，其可与刺苋共存。**防控：**在种植甘蔗、高粱、玉米和番茄等农作物的地里，使用三嗪类除草剂和草克净等可以有效控制皱果苋生长。皱果苋幼苗很娇嫩，很容易热死或被拔出、切断、掩埋，也容易受到地膜、秸秆（干草）等覆盖物的影响。及时除草或者加以覆盖，可以清理该种幼苗；在开花前拔除，可防止其种子的形成和扩散。

皱果苋 *Amaranthus viridis* L.

1. 植株；2、3. 花序

77. 绿穗苋 *Amaranthus hybridus* L.

Ⅱ级 严重入侵种 苋科 Amaranthaceae 苋属 *Amaranthus*

【别名】 台湾苋。

【生物学特征】 一年生草本；茎直立，分枝，上部近弯曲，有开展柔毛。叶片卵形或菱状卵形，腹面近无毛，背面疏生柔毛；叶柄有柔毛。圆锥花序顶生，细长，斜向上并稍弯曲，有分枝，由穗状花序组成，中间花穗最长；苞片及小苞片钻状披针形，绿色，向前伸出成尖芒；花被片矩圆状披针形，中脉绿色。胞果卵形，环状横裂。种子近球形，黑色。花期7—8月，果期9—10月。

【分布】 原产北美洲东部、墨西哥部分地区。湖北省武汉市、宜昌市有分布。

【生境】 常生于田野、旷地或山坡。

【传入与扩散】 **传入：**推测其是随人类活动有意或无意地传入中国的。**扩散：**作为受干扰区域和荒地的先锋植物，绿穗苋跟随人类的迁移而传播，随后侵入耕地。

【危害及防控】 **危害：**据报道它可造成马铃薯、菜豆等作物减产，同时降低作物采收的效率，还可富集硝酸盐引起误食的牛中毒。绿穗苋是寄生线虫属根结线虫和烟草花叶病毒的寄主，它还是辣椒炭疽菌的宿主，会导致番茄果实和棉花幼苗患炭疽病。由于绿穗苋的花粉是靠风力进行传播，因此其还会引起人类的过敏反应。**防控：**幼苗阶段可进行拔除，成熟植株采用机械防除。绿穗苋很容易被除阔叶杂草的除草剂所控制，但对部分除草剂具有抗性。

绿穗苋 *Amaranthus hybridus* L.
1. 植株；2. 花序与叶片

78. 千穗谷 *Amaranthus hypochondriacus* L.

Ⅲ级 局部入侵种　苋科 Amaranthaceae　苋属 *Amaranthus*

【别名】 籽粒苋、玉米谷。

【生物学特征】 一年生草本，茎绿色或紫红色。叶片菱状卵形或矩圆状披针形，顶端具凸尖，基部楔形，全缘或波状缘，无毛，常带紫色。圆锥花序顶生，直立，长可达 25 cm，由多数穗状花序形成，花簇在花序上排列极密；苞片及小苞片卵状钻形，为花被片长的 2 倍，绿色或紫红色；花被片矩圆形，顶端急尖或渐尖，绿色或紫红色，有 1 条深色中脉；柱头 2~3 个。胞果近菱状卵形，环状横裂，绿色，上部带紫色。种子近球形，白色。花期 7—8 月，果期 8—9 月。

【分布】 原产北美洲，包括加拿大、墨西哥、美国等地。湖北省有广泛分布。

【生境】 生于山坡、田野等。

【传入与扩散】 **传入：**早期作为观赏植物引入中国。**扩散：**种子繁殖，能产生大量细小的种子。

【危害及防控】 **危害：**适应能力非常强，根系十分发达，耐旱力也很强，逸生后常形成优势种群或单一优势种群，能迅速地繁殖生长而且还能驱赶别的物种，快速成为入侵地的优势种，对当地其他杂草的生长、物种的生物多样性产生影响。可侵入农田，与农作物竞争养分，降低作物产量。**防控：**开花前人工铲除或幼苗期化学防治效果较好。由于种子蛋白质含量较高，目前已有人慢慢将其培育成一种特殊的谷类作物。

千穗谷 *Amaranthus hypochondriacus* L.

1. 植株；2. 花序

79. 青葙 *Celosia argentea* L.

Ⅲ级 局部入侵种　苋科 Amaranthaceae　青葙属 *Celosia*

【别名】 狗尾草、百日红、鸡冠花、野鸡冠花、指天笔、海南青葙。

【生物学特征】 一年生草本，全体无毛；茎直立，有分枝，绿色或红色，具明显条纹。叶矩圆状披针形至披针形，绿色常带红色。花多数，密生，在茎端或枝端成塔状或圆柱状穗状花序；苞片白色，光亮，顶端渐尖，延长成细芒；花被片矩圆状披针形，初为白色且顶端带红色，或全部粉红色，后成白色。胞果卵形，包裹在宿存花被片内。种子凸透镜状肾形。花期5—8月，果期6—10月。

【分布】 原产印度。湖北省武汉市、咸宁市、宜昌市有分布。

【生境】 生于海拔1 500 m以下的平原、田边、丘陵、山坡。

【传入与扩散】 **传入：**《本草纲目》中有记载，“青葙生田野间，嫩苗似苋可食”；在非洲，该种还被当作蔬菜种植。因为长着好看的花序，青葙已经被驯化、栽培，进入了城市和花园。**扩散：**种子繁殖。

【危害及防控】 **危害：**青葙的生长非常快，经常会抢夺作物的肥料，长高之后还会遮挡作物、影响其光合作用，对作物的危害极大。其次，它生命力非常顽强，如果不用除草剂的话，根本就没法把它除掉。而且其繁殖也很快，稍不注意，整个田间就会长满青葙，其他顽固性杂草都可能被它给淘汰掉。**防控：**除草剂对青葙的防治效果较好。

青葙 *Celosia argentea* L.

1. 生境；2. 植株；3. 花序

80. 土荆芥 *Dysphania ambrosioides* (Linnaeus) Mosyakin & Clemants

Ⅰ级 恶性入侵种　　苋科 Amaranthaceae　　腺毛藜属 *Dysphania*

【别名】 杀虫芥、臭草、鹅脚草。

【生物学特征】 一年生草本，稍被细粉粒。茎直立，高达 1 m，粗壮，具淡黄色或紫色条棱，上部有疏分枝；叶宽卵形或卵状三角形，两面近同色，幼嫩时有粉粒，边缘掌状浅裂，裂片三角形，不等大；花被 5 裂，裂片窄卵形，先端钝，背面具纵脊，边缘膜质；胞果果皮膜质，常有白色斑点，与种子贴生；种子横生，双凸镜形，黑色，具圆形深洼状纹饰。花果期 7—9 月。

【分布】 原产美洲。湖北省武汉市、恩施土家族苗族自治州、十堰市、咸宁市等地有分布。

【生境】 生于房前屋后、路旁荒地、旷野草地、河岸、林缘、园林绿化带以及农田中。

【传入与扩散】 **传入：**最晚可能于清康熙年间传入中国，首次传入地应为广东岭南地区，可能经由当时的通商口岸广州口岸随货物贸易无意传入。**扩散：**种子常随人类活动有意或无意地传播，也可随气流、水流进行短距离扩散。该种在中国长江流域和珠江流域种群数量大，极易扩散。

【危害及防控】 **危害：**排挤本地物种，破坏生态平衡，对农业生产与生态环境均造成不良影响；含有有毒的挥发油，可对其他植物产生化感作用。土荆芥入侵后可能会通过改变土壤微生态系统而改变植物之间的竞争格局，降低作物产量，造成经济损失。同时，土荆芥花粉也是一种变应原，对人体健康有害。**防控：**对农田中的土荆芥应彻底铲除，防止其植株片段等再次对农作物产生化感作用。

土荆芥 *Dysphania ambrosioides* (Linnaeus) Mosyakin & Clemants

1. 生境；2. 植株；3. 枝；4. 叶片

81. 千日红 *Gomphrena globosa* L.

Ⅲ级 局部入侵种　　苋科 Amaranthaceae　　千日红属 *Gomphrena*

【别名】 火球花、百日红。

【生物学特征】 一年生草本，茎粗壮，有分枝，被灰色糙毛。叶纸质，长椭圆形或长圆状倒卵形，两面被白色长柔毛；顶生球形或长圆形头状花序，常紫红色，有时淡紫或白色；苞片卵形，白色，先端紫红色；胞果近球形；种子肾形，褐色。花期6—7月，果期8—9月。

【分布】 原产美洲热带地区。湖北省武汉市、神农架林区有分布。

【生境】 喜阳光，旱生，耐干热、耐旱、不耐寒、怕积水，喜疏松肥沃土壤。

【传入与扩散】 **传入：**传入方式不详。中国多部研究本草的著作及《中药大辞典》均收录了千日红，对其功效、主治有记载。千日红的花序可入药，能祛痰，有止咳平喘、平肝明目之功效。千日红花期长，花色鲜艳，为优良的园林观赏花卉。猜测其开始是作为观赏性和药用性植物被引进。**扩散：**种子传播，也可随人为栽培活动扩散。

【危害及防控】 **危害：**千日红与农作物争水、肥，侵占地上部分空间，影响作物光合作用，且对水、肥有极强的消耗力。**防控：**人工铲除。

千日红 *Gomphrena globosa* L.

1. 生境；2、3. 花序

82. 垂序商陆 *Phytolacca americana* L.

I 级 恶性入侵种　　商陆科 Phytolaccaceae　　商陆属 *Phytolacca*

【别名】 美商陆、美洲商陆、美国商陆、洋商陆、见肿消、红籽。

【生物学特征】 多年生草本。根粗壮，肥大，倒圆锥形。茎直立，圆柱形，有时带紫红色。叶片椭圆状卵形或卵状披针形。总状花序顶生或侧生；花白色，微带红晕；花被片 5，雄蕊、心皮及花柱通常均为 10，心皮合生。果序下垂；浆果扁球形，熟时紫黑色；种子肾圆形。花期 6—8 月，果期 8—10 月。

【分布】 原产北美洲。湖北省有广泛分布。

【生境】 生于路边荒地、房前屋后以及农田或公园绿化带。

【传入与扩散】 **传入：**该种为有意引进，以供药用和观赏，引入时间为 1932 年或更早，首次引入地可能为山东青岛。**扩散：**在传入早期，人为的引种栽培而导致其逸生是其传播的主要途径，自然环境中其种子主要通过食果动物尤其是鸟类的取食而传播。

【危害及防控】 **危害：**垂序商陆对环境要求不严格，生长迅速，在营养条件较好时与其他植物竞争养料。垂序商陆的茎具有一定的蔓性，叶片宽阔，能覆盖其他植物体，导致其他植物生长不良甚至死亡。垂序商陆具有较为肥大的肉质直根，易消耗土壤肥力。垂序商陆全株有毒，尤其是根部和果实，对人类及家畜均有毒害作用。该种还具有一定的化感作用。**防控：**严格限制垂序商陆的引种栽培，做好外来引种的把关。目前防治垂序商陆的方法主要是人工拔除，在幼苗期带根拔出，由于其具有肉质根，拔出后宜整株晒干，最好烧毁；对于垂序商陆入侵严重的地区，不仅可采取刈割、切根的办法，还可使用除草剂。

垂序商陆 *Phytolacca americana* L.

1. 生境；2. 花；3. 果

83. 紫茉莉 *Mirabilis jalapa* L.

Ⅱ级 严重入侵种　　紫茉莉科 Nyctaginaceae　　紫茉莉属 *Mirabilis*

【别名】 胭脂花、粉豆花、夜饭花、状元花、丁香叶、苦丁香、野丁香。

【生物学特征】 一年生草本。根肥粗，黑色或黑褐色。茎直立，多分枝，无毛或疏生细柔毛，节稍膨大。叶片卵形或卵状三角形，两面均无毛，上部叶几无柄。花常数朵簇生枝端；总苞钟形，5 裂，无毛，具脉纹；花被紫红色、黄色、白色或杂色；花丝细长，常伸出花外；花柱单生，伸出花外。瘦果球形，黑色，表面具皱纹。花期 6—10 月，果期 8—11 月。

【分布】 原产美洲热带地区。湖北省各地有栽培。

【生境】 生于房前屋后、荒地草丛以及林缘或林间空地。

【传入与扩散】 **传入：**《植物名实图考》(1848 年版)中已有记载，紫茉莉作为观赏植物引入中国，已有逸生，并且有明显的入侵性。**扩散：**紫茉莉主要靠种子传播、繁殖，种子产生量较大，环境适应能力强；并且紫茉莉植株株型较为开展，部分枝条与地面接触会产生不定根，有营养繁殖潜力。

【危害及防控】 **危害：**具有化感作用，含有抑制其他植物生长的物质；生长速度快，能够高密度占领生境，影响其他植物的生长。**防控：**在小区域内，可以在其花期以前铲除幼苗；因其根扎得较深，除拔除地上部分外，还应深挖，并将其日光下暴晒。

紫茉莉 *Mirabilis jalapa* L.
1. 生境；2. 花枝；3. 果序；4. 花序

84. 粟米草 *Trigastrotheca stricta* (L.) Thulin

Ⅳ级 一般入侵种　　粟米草科 Molluginaceae　粟米草属 *Trigastrotheca*

【别名】 四月飞、瓜仔草、瓜疮草、地麻黄。

【生物学特征】 一年生铺散草本。茎纤细，多分枝，具棱，无毛，老茎常淡红褐色；叶 3～5 近轮生或对生，茎生叶披针形或线状披针形，基部窄楔形，全缘，中脉明显；叶柄短或近无柄。花小，聚伞花序梗细长，顶生或与叶对生；花被片 5，淡绿色，椭圆形或近圆形；蒴果近球形，与宿存花被等长，3 瓣裂。花期 6—8 月，果期 8—10 月。

【分布】 原产亚洲热带和亚热带地区。湖北省武汉市、咸宁市、十堰市、神农架林区、宜昌市、黄冈市等地有分布。

【生境】 生于空旷荒地、农田和海岸沙地。

【传入与扩散】 **传入：**传入方式不详。**扩散：**靠种子传播、繁殖。

【危害及防控】 **危害：**生长快，蔓延性强，可入侵农田，有一定危害。**防控：**人工铲除或农药防治。

粟米草 *Trigastrotheca stricta* (L.) Thulin

1. 生境；2. 花；3. 花序

85. 落葵薯 *Anredera cordifolia* (Tenore) Steenis

Ⅱ级 严重入侵种 落葵科 Basellaceae 落葵薯属 *Anredera*

【别名】 洋落葵、田三七、藤七、藤三七。

【生物学特征】 缠绕藤本。叶具短柄，叶片卵形至近圆形，稍肉质，腋生小块茎（珠芽）。总状花序具多花；苞片狭，宿存；下面1对小苞片宿存，透明状，上面1对小苞片淡绿色；花被片白色，渐变黑，开花时张开；雄蕊白色，花丝顶端在芽中反折，开花时伸出花外；花柱白色，分裂成3个柱头臂，每臂具1棍棒状或宽椭圆形柱头。果实、种子未见。花期6—10月。

【分布】 原产美洲热带、非洲及亚洲热带地区。湖北省武汉市、荆州市、恩施土家族苗族自治州、十堰市、宜昌市、咸宁市等地有分布。

【生境】 生于林缘、灌木丛、河边、荒地、房前屋后。

【传入与扩散】 **传入：**1976年首先引种至中国台湾，作为保健蔬菜、药用植物栽培，后逸生为害。主要分布于广西、广东、贵州、重庆、四川、云南、湖北、湖南、福建等中部及南部地区。**扩散：**块根、珠芽、断枝都能无性繁殖，藤蔓生长很快。

【危害及防控】 **危害：**落葵薯会覆盖作物，影响作物光合作用；地上部分水溶液含有化感物质，可抑制邻近植物的生长。藤蔓可密集覆盖小乔木、灌木和草本植物，覆盖度大，常形成单一优势种群，严重危害本土植物，破坏生态平衡，影响生物多样性。**防控：**将人工清除与生态替代结合起来进行控制。人工清除主要是将其地上部分割掉并暴晒；生态替代是利用当地植物（如南瓜等）替代，此办法对落葵薯清除后的再生具一定的抑制作用。

落葵薯 *Anredera cordifolia* (Tenore) Steenis

1. 生境；2. 花；3. 植株；4. 花序

86. 土人参 *Talinum paniculatum* (Jacq.) Gaertn.

Ⅲ级 局部入侵种　　土人参科 Talinaceae　　土人参属 *Talinum*

【别名】 波世兰、力参、煮饭花、紫人参、红参、土高丽参。

【生物学特征】 一年生或多年生草本；叶互生或近对生，倒卵形或倒卵状长椭圆形，先端尖，有时微凹具短尖头，基部窄楔形，全缘，稍肉质。圆锥花序顶生或腋生，常二叉状分枝，萼片卵形，紫红色，早落；花瓣粉红或淡紫红色，倒卵形或椭圆形。蒴果近球形，3 瓣裂，坚纸质。花期 6—8 月，果期 9—11 月。

【分布】 原产美洲热带地区。湖北省仙桃市、咸宁市、黄冈市、恩施土家族苗族自治州等地有分布。

【生境】 生于阴湿地、空旷地区、路边等。

【传入与扩散】 **传入：**根据已有证据推测，土人参可能于 19 世纪末作为药用植物或观赏植物首次引入中国台湾，并从福建传入中国大陆。**扩散：**作为药用或观赏植物广泛栽培而常有逸生，主要随人类活动传播，以地下肉质根度过寒冷的冬季。

【危害及防控】 **危害：**该种幼苗生长迅速，植株从开花到结实所经历的时间短，一个花序中常常是花和果实同时存在。虽然其传播距离不远，但自播性强。该种在中国主要发生于东南、华南与西南地区，危害园林绿化、苗圃与农田。**防控：**引种栽培的过程须严格管理，不可随意丢弃。在花园中可以盆栽的方式栽培，若直接在土壤中栽培，则在未来的几年里其有成为难以清除的杂草的可能。

土人参 *Talinum paniculatum* (Jacq.) Gaertn.
1. 生境；2. 植株；3. 花序

87. 大花马齿苋 *Portulaca grandiflora* Hook.

Ⅳ级 一般入侵种 马齿苋科 Portulacaceae 马齿苋属 *Portulaca*

【别名】 太阳花、午时花、洋马齿苋。

【生物学特征】 一年生草本。茎平卧或斜向上，紫红色，多分枝，节上丛生毛。叶密集枝端，叶片细圆柱形，有时微弯，无毛；叶柄极短或近无柄，叶腋常生一撮白色长柔毛。花单生或数朵簇生枝端；总苞 8～9 片，叶状，轮生，具白色长柔毛；萼片 2，淡黄绿色；花瓣 5 或重瓣，红色、紫色或黄白色。蒴果近椭圆形，盖裂；种子细小，多数，圆肾形。花期 6—9 月，果期 8—11 月。

【分布】 原产巴西。湖北省各地有栽培。

【生境】 生于公园、花圃、草坡或路旁。

【传入与扩散】 **传入：**作为观赏花卉引种栽培。**扩散：**种子或营养繁殖，扦插或播种均可生长，也可因人为引种而扩散。

【危害及防控】 **危害：**生长快，繁殖能力强，可大面积生长，对入侵地生物多样性有一定影响。**防控：**控制引种，对于逸生植株，可人工拔除并晾晒。

大花马齿苋 *Portulaca grandiflora* Hook.

1. 生境；2. 植株；3. 花

88. 聚合草 *Symphytum officinale* L.

Ⅲ级 局部入侵种　紫草科 Boraginaceae　聚合草属 *Symphytum*

【别名】 爱国草、友谊草。

【生物学特征】 丛生型多年生草本，全株被硬毛和短伏毛。根发达，主根粗壮，淡紫褐色。基生叶具长柄，叶互生，稍肉质；茎中部和上部叶较小，无柄，基部下延。花序含多数花；花萼裂至近基部，裂片披针形，先端渐尖；花冠淡紫色、紫红色至黄白色，裂片三角形。小坚果歪卵形，黑色，平滑，有光泽。花期 5—10 月。

【分布】 原产中亚、俄罗斯、欧洲。湖北省武汉市、恩施土家族苗族自治州、宜昌市、十堰市有分布。

【生境】 生于田边、路旁、荒地。

【传入与扩散】 **传入：**作为饲料人为引入。**扩散：**引种栽培，种子繁殖，或以分株和切根繁殖。

【危害及防控】 **危害：**主要作为牧草栽培，有时逸生，影响生物多样性。植株还含有吡咯里西啶一类的生物碱，误食可损伤肝脏、致癌。**防控：**限制引种，发现逸生即人工铲除。

聚合草 *Symphytum officinale* L.

1. 植株；2. 果序；3. 花序

89. 南方菟丝子 *Cuscuta australis* R. Br.

Ⅱ级 严重入侵种　　旋花科 Convolvulaceae　　菟丝子属 *Cuscuta*

【别名】 欧洲菟丝子、飞扬藤、金线藤、女萝、松萝。

【生物学特征】 一年生寄生草本。茎缠绕，金黄色，无叶。花序侧生，少花或多花簇生成小伞形或小团伞花序，总花序梗近无；苞片及小苞片鳞片状；花萼杯状，基部连合，裂片 3～4（5），通常不等大，顶端圆；花冠乳白色或淡黄色，杯状，约与花冠管近等长，直立，宿存。蒴果扁球形，通常有 4 种子，淡褐色，卵形，表面粗糙。花期 7—9 月，果期 8—10 月。

【分布】 原产欧洲。湖北省有广泛分布。

【生境】 寄生于田边、路旁的豆科、菊科蒿子、马鞭草科牡荆属等草本或小灌木上。

【传入与扩散】 **传入：**无意引入。**扩散：**种子繁殖和传播；也能营养繁殖，断茎有发育成新株的能力。

【危害及防控】 **危害：**该种的茎可绕于寄生植物的茎部，通过吸器与寄主的维管束系统相联结，对寄生造成严重危害。**防控：**发现后应立即铲除，在其种子未萌发前进行中耕深埋；在开花结籽前喷施 30% 的草甘膦水剂 50 倍液，连续喷 2 次，也可起到防控效果。

南方菟丝子 *Cuscuta australis* R. Br.
1. 生境；2、3. 植株；4. 花序

90. 金灯藤 *Cuscuta japonica* Choisy

Ⅱ级 严重入侵种　　旋花科 Convolvulaceae　　菟丝子属 *Cuscuta*

【别名】 日本菟丝子、大菟丝子。

【生物学特征】 一年生直立草木，呈半灌木状，全体近无毛，茎基部稍木质化。叶卵形或广卵形，边缘有不规则的短齿或浅裂，或者全缘而波状。花单生于枝杈间或叶腋。花萼筒状，裂片狭三角形或披针形；花冠长漏斗状，筒中部之下较细，向上扩大呈喇叭状，白色、黄色或浅紫色。蒴果近球状或扁球状，疏生粗短刺。种子淡褐色。花果期 3—12 月。

【分布】 原产日本。湖北省有广泛分布。

【生境】 生于向阳的路旁、河边、荒地、林缘和灌丛等，寄生在草本或灌木上。

【传入与扩散】 **传入：**无意引入。**扩散：**随种子繁殖而扩散，也可营养繁殖，茎与寄主植物接触可继续生长扩散。

【危害及防控】 **危害：**金灯藤入侵性极强，不仅吸取作物的汁液营养且缠绕作物，对农作物造成的危害较严重，对木本植物也有危害。**防控：**深翻土壤，将金灯藤种子翻至深层；喷洒“鲁保一号”生物制剂或喷洒仲丁灵触杀兼局部内吸性抑芽剂。

金灯藤 *Cuscuta japonica* Choisy
1. 生境；2. 花序；3. 植株

91. 牵牛 *Ipomoea nil* (Linnaeus) Roth

Ⅱ级 严重入侵种　旋花科 Convolvulaceae　虎掌藤属 *Ipomoea*

【别名】 裂叶牵牛、大牵牛花、喇叭花、牵牛花。

【生物学特征】 一年生缠绕草本，茎上被倒向的短柔毛，杂有倒向或开展的长硬毛。叶宽卵形或近圆形，深或浅的3裂，偶5裂，叶面或疏或密地被微硬的柔毛。花腋生；苞片线形或叶状，被开展的微硬毛；小苞片线形；萼片近等长，外面被开展的刚毛；花冠漏斗状，蓝紫色或紫红色，花冠管色淡。蒴果近球形，3瓣裂。种子卵状三棱形，黑褐色或米黄色，被褐色短绒毛。花果期6—10月。

【分布】 原产美洲热带地区。湖北省有广泛分布。

【生境】 生于山坡灌丛、干燥河谷路边、公园边、屋宅旁、山地路边。

【传入与扩散】 **传入：**作为一种观赏花卉引入栽培，后逸生扩散至田间，成为恶性杂草之一。**扩散：**主要靠种子传播扩散，繁殖快，生长迅速。

【危害及防控】 **危害：**缠绕、覆盖灌木、幼树、绿篱，覆盖被危害植物，影响后者光合作用。还具有化感作用，向环境释放化感物质，抑制伴生植物的生长，破坏生物多样性。**防控：**控制引种，在种子成熟前清理；也可用苯达松、氯氟吡氧乙酸等除草剂防除。

牵牛 *Ipomoea nil* (Linnaeus) Roth
1. 植株；2、3. 花

92. 圆叶牵牛 *Ipomoea purpurea* Lam.

Ⅱ级 严重入侵种 旋花科 Convolvulaceae 虎掌藤属 *Ipomoea*

【别名】 紫花牵牛、打碗花、牵牛花、心叶牵牛。

【生物学特征】 一年生缠绕草本，茎上被倒向的短柔毛，杂有倒向或开展的长硬毛；叶圆心形或宽卵状心形，通常全缘，偶有 3 裂，两面疏或密被刚伏毛；花腋生，毛被与茎相同；苞片线形，被开展的长硬毛；萼片近等长，外面均被开展的硬毛；花冠漏斗状，紫红色、红色或白色，花冠管通常白色，瓣中带内面色深，外面色淡。花期 5—10 月。

【分布】 原产美洲。湖北省有广泛分布。

【生境】 生于田边、路边、宅旁或山谷等地。

【传入与扩散】 **传入：**人工引种，作为观赏植物。**扩散：**主要靠种子传播扩散，繁殖快，生长迅速，茎叶茂盛，受果率、结实率高。

【危害及防控】 **危害：**空间占领性强，缠绕或覆盖相邻植物；能向环境释放化感物质，抑制伴生植物生长，影响生物多样性。**防控：**控制引种，在幼苗生长期进行人工铲除；苯达松、氯氟吡氧乙酸等化学除草剂在苗期防除效果良好。

圆叶牵牛 *Ipomoea purpurea* Lam.

1. 生境；2. 花序；3、4. 花

93. 茑萝 *Ipomoea quamoclit* L.

Ⅲ级 局部入侵种　　旋花科 Convolvulaceae　　虎掌藤属 *Ipomoea*

【别名】 金丝线、锦屏封、娘花、五角星花、羽叶茑萝、茑萝松。

【生物学特征】 一年生柔弱缠绕草本，无毛；叶卵形或长圆形，羽状深裂至中脉，具10～18对线形至丝状的平展的细裂片；叶柄基部常具假托叶；花序腋生，花直立，萼片绿色；花冠高脚碟状，深红色，无毛，管柔弱，上部稍膨大，冠檐开展；蒴果卵形。花期7—10月，果期8—11月。

【分布】 原产美洲热带地区。湖北省各地有栽培。

【生境】 生于田边、路边、宅旁。

【传入与扩散】 **传入：**作为观赏植物引入中国，后逃逸到自然生境中。**扩散：**具有较强的适应性，生长速度快，主要靠种子传播。

【危害及防控】 **危害：**入侵农田或园地，缠绕或覆盖在相邻植物的顶端，使其对光照的利用受到影响，影响生物多样性。**防控：**加强监督防范工作，规范引种和栽培，禁止随意丢弃到野外，发现逸生及时清除。

茑萝 *Ipomoea quamoclit* L.

1. 植株；2. 花

94. 洋金花 *Datura metel* L.

Ⅱ级 严重入侵种　茄科 Solanaceae　曼陀罗属 *Datura*

【别名】 闹羊花、风茄花、风茄花、曼陀罗花、白花曼陀罗。

【生物学特征】 一年生直立草木而呈半灌木状，全体近无毛；茎基部稍木质化。叶卵形或广卵形，边缘有不规则的短齿或浅裂，或者全缘而波状。花单生于枝杈间或叶腋。花萼筒状，裂片狭三角形或披针形；花冠长漏斗状，筒中部之下较细，向上扩大呈喇叭状，白色、黄色或浅紫色。蒴果近球状或扁球状，疏生粗短刺。种子淡褐色。花果期 3—12 月。

【分布】 原产美洲热带地区。湖北省黄冈市、兴山县等地有分布。

【生境】 生于荒地、旱地、宅旁、向阳山坡、林缘、草地。

【传入与扩散】 **传入：**有意引入，药用。**扩散：**人工引种扩散；种子小且多，可通过水及土壤的运输而传播，蒴果可黏附在动物身上扩散。

【危害及防控】 **危害：**本种为常见杂草之一，形成优势群落时将排挤本地植物，影响生物多样性。危害程度轻。**防控：**结果前人工拔除，控制引种。

洋金花 *Datura metel* L.

1. 植株；2. 果；3. 花

95. 曼陀罗 *Datura stramonium* L.

Ⅱ级 严重入侵种　　茄科 Solanaceae　　曼陀罗属 *Datura*

【别名】 曼荼罗、满达、醉心花、狗核桃、洋金花。

【生物学特征】 草本或亚灌木状。植株无毛或幼嫩部分被短柔毛；叶宽卵形，淡绿色，上部白或淡紫色，冠檐径形，基部不对称楔形，具不规则波状浅裂，裂片具短尖头；花单生于枝杈间或叶腋。花冠漏斗状，下半部带绿色，上部白色或淡紫色；蒴果直立生，卵状，表面生有坚硬针刺或有时无刺而近平滑，成熟后淡黄色，规则4瓣裂。种子卵圆形，黑色。花期6—10月，果期7—11月。

【分布】 原产美洲热带地区。湖北省十堰市、恩施土家族苗族自治州等地有分布。

【生境】 生于住宅旁、路边或草地。

【传入与扩散】 **传入：**有意引入，药用，首先在沿海地区种植，再传播到内陆。**扩散：**随栽培活动扩散逸生，也可由货物和交通工具携带传播。

【危害及防控】 **危害：**为旱地、宅旁主要杂草之一，影响景观，对牲畜有毒。**防控：**预防为主，若发现逸生，一般可采用人工拔除的方法，人工拔除应选择在苗期，最晚也不能迟于果期；也可使用草甘膦等进行化学防除。

曼陀罗 *Datura stramonium* L.

1. 植株；2. 花；3. 果

96. 大花曼陀罗 *Brugmansia arborea* (L.) Lagerh.

V级 有待观察类 茄科 Solanaceae 曼陀罗属 *Datura*

【别名】 木本曼陀罗、木曼陀罗、大曼陀罗、灯泡花。

【生物学特征】 常绿灌木或小乔木，高 2～3 m。茎粗壮，上部分枝，全株近无毛；单叶互生，叶片卵状披针形、卵形或椭圆形，顶端渐尖或急尖，基部楔形，不对称，全缘、微波状或有不规则的缺齿，两面有柔毛；花单生叶腋，俯垂，芳香；花冠白色，脉纹绿色，长漏斗状，筒中部以下较细而向上渐扩大成喇叭状；浆果状蒴果，无刺。花期 7—9 月；果期 10 月至翌年 2 月。

【分布】 原产美洲热带地区。湖北省各地有栽培。

【生境】 生于住宅旁、路边或草地。

【传入与扩散】 **传入：**有意引入，可观赏和药用。**扩散：**种子繁殖，随引种栽培活动扩散。

【危害及防控】 **危害：**植株较高大，全株有毒，对牲畜有毒。**防控：**控制引种。

大花曼陀罗 *Brugmansia arborea* (L.) Lagerh.

1. 植株；2. 花

97. 假酸浆 *Nicandra physalodes* (L.) Gaertner

Ⅲ级 局部入侵种　　茄科 Solanaceae　　假酸浆属 *Nicandra*

【别名】 鞭打绣球、冰粉、大千生。

【生物学特征】 茎直立，有棱条，无毛。叶卵形或椭圆形，草质，边缘有具圆缺的粗齿或浅裂，两面有稀疏毛。花单生于枝腋而与叶对生，通常具较叶柄长的花梗，俯垂；花萼5深裂，裂片顶端尖锐，基部心脏状箭形，有2尖锐的耳片，果时包围果实；花冠钟状，浅蓝色，檐部有折襞，5浅裂。浆果球状黄色，种子淡褐色。花果期夏秋季。

【分布】 原产南美洲。湖北省武汉市、恩施土家族苗族自治州、神农架林区等地有分布。

【生境】 生于田边、荒地或住宅区。

【传入与扩散】 **传入：**有意引入，可药用、食用。**扩散：**随栽培活动扩散逸生，也可由货物和交通工具携带传播。

【危害及防控】 **危害：**本种为杂草，常成片生长，排挤当地植物，对生物多样性有一定影响。**防控：**加强引种管理，逸生后人工拔除；化学防治，如在荒地或路边可利用草甘膦等防除，在禾本科作物田则可用二甲四氯或氯氟吡氧乙酸等防除。

假酸浆 *Nicandra physalodes* (L.) Gaertner

1. 植株；2. 花序；3. 花萼；4. 花；5. 果

98. 苦蘵 *Physalis angulata* L.

Ⅳ级 一般入侵种　茄科 Solanaceae　灯笼果属 *Physalis*

【别名】 灯笼草、灯笼泡、挂金灯。

【生物学特征】 一年生草本，被疏短柔毛或近无毛；茎多分枝，分枝纤细。叶片卵形至卵状椭圆形，全缘或有不等大的牙齿，两面近无毛。花萼被短柔毛，裂片披针形，具缘毛；花冠淡黄色，喉部常有紫色斑纹；花药蓝紫色或黄色。果萼卵球状，浆果。花期 5—7 月，果期 7—12 月。

【分布】 原产南美洲。湖北省各地有分布。

【生境】 生于山谷、林下及村边（路旁）。

【传入与扩散】 **传入：**人为无意引入，混在粮食中传入。**扩散：**通过作物种子、货物和交通工具携带传播。

【危害及防控】 **危害：**为旱地、宅旁的主要杂草之一，也是棉花、玉米、大豆、甘蔗、甘薯、叶菜类等作物田中和路埂边的常见杂草，发生量较大，危害严重。**防控：**加强检验检疫，发现逸生及时人工拔除；化学防除，如在玉米田可用莠去津、烟嘧磺隆防除，大豆田可用乙羧氟草醚、氟磺胺草醚防除，棉花田可用乙氧氟草醚防除。

苦蘵 *Physalis angulata* L.

1. 植株；2. 花；3. 茎

99. 毛酸浆 *Physalis philadelphica* Lamarck

Ⅳ级 一般入侵种　　茄科 Solanaceae　　灯笼果属 *Physalis*

【别名】 洋姑娘。

【生物学特征】 一年生草本。茎生柔毛，分枝毛较密。叶阔卵形，两面疏生毛但脉上毛较密；叶柄密生短柔毛。花单独腋生，密生短柔毛。花萼钟状，密生柔毛，5 中裂，裂片披针形，急尖，边缘有缘毛；花冠淡黄色，喉部具紫色斑纹。果萼卵状，具 5 棱角和 10 纵肋，顶端萼齿闭合；浆果球状，黄色或有时带紫色。花果期 5—11 月。

【分布】 原产墨西哥。湖北省武汉市、咸宁市等地有分布。

【生境】 生于草地或田边（路旁）。

【传入与扩散】 **传入：**种子携带。**扩散：**种子多，萌发率高，常密集成丛。其果实可被动物所食而传播种子。

【危害及防控】 **危害：**该种为一般杂草，进入农田将危害作物。能耐受较干旱或贫瘠的土壤，易成为杂草中的优势种。**防控：**一旦发现其在自然生态系统中逸生，应及时人工拔除，也可用除草剂（2，4-D、百草敌、苯达松和二甲四氯）灭杀。

毛酸浆 *Physalis philadelphica* Lamarck
1. 植株；2. 果序；3. 果

100. 喀西茄 *Solanum aculeatissimum* Jacquin

Ⅰ级 恶性入侵种　　茄科 Solanaceae　　茄属 *Solanum*

【别名】 刺茄子、苦茄子、谷雀蛋、苦颠茄、狗茄子。

【生物学特征】 直立草本至亚灌木，茎、枝、叶及花柄多混生黄白色具节的长硬毛、短硬毛、腺毛及淡黄色且基部宽扁的直刺（嫩苗期即有刺布满全株）。叶阔卵形，腹面沿叶脉被密毛，侧脉疏被直刺；蝎尾状花序腋外生，花冠筒淡黄色。浆果球状，淡黄色，宿萼被毛及细刺，后渐脱落；种子淡黄色，近倒卵形。花期 3—8 月，果期 11—12 月。

【分布】 原产巴西。湖北省武汉市、孝感市、宜昌市有分布。

【生境】 生于路边灌丛、荒地、草坡或疏林。

【传入与扩散】 **传入：**19 世纪末在贵州南部被发现。喀西茄全株有剧毒，被作为药材人工引种。**扩散：**种子繁殖。由于长期缺乏规范化监管、入侵检疫、风险评估和监测管理，从而导致目前该种大范围入侵、扩散和蔓延的局面。

【危害及防控】 **危害：**喀西茄可以种子繁衍，繁衍力极强；全株含有毒生物碱，未成熟果实毒性较大，人和家畜误食可能引起中毒。易在城乡荒山、沟坡、废弃建筑地等地形成茂盛群落。**防控：**人工挖除、焚烧。

喀西茄 *Solanum aculeatissimum* Jacquin

1. 生境；2. 植株；3. 果；4、5. 叶片

101. 珊瑚樱 *Solanum pseudocapsicum* L.

Ⅲ级 局部入侵种　　茄科 Solanaceae　　茄属 *Solanum*

【别名】 冬珊瑚、红珊瑚、四季果。

【生物学特征】 直立分枝小灌木，高达 2 m，全株光滑无毛。叶互生，两面均光滑无毛。花多单生，很少成蝎尾状花序，无总花梗或近于无总花梗，腋外生或近对叶生；花小，白色；萼绿色；花冠筒隐于萼内。浆果橙红色，萼宿存，果柄顶端膨大。种子盘状，扁平。花期初夏，果期秋末。

【分布】 原产南美洲。湖北省各地有栽培。

【生境】 生于田边、路旁、丛林或水沟边。

【传入与扩散】 **传入：**有意引入。据《台湾外来观赏植物名录》(1976 年版)记载，该种于 1910 年由日本人藤根吉春从新加坡引入。**扩散：**种子可随农作物、带土苗木、鸟类和水流传播。

【危害及防控】 **危害：**全株有毒，叶比果毒性更大，人畜误食会引起头晕、恶心、嗜睡、剧烈腹痛、瞳孔散大等中毒症状。**防控：**开花结果前修剪或拔除。

珊瑚樱 *Solanum pseudocapsicum* L.

1. 植株；2. 花；3；果

102. 少花龙葵 *Solanum americanum* Miller

Ⅳ级 一般入侵种　茄科 Solanaceae　茄属 *Solanum*

【别名】 痣草、衣扣草、古钮子、打卜子、扣子草、古钮菜、白花菜。

【生物学特征】 纤弱草本，茎无毛或近于无毛。叶薄，卵形至卵状长圆形，两面均具疏柔毛；叶柄纤细，具疏柔毛。花序近伞形，具微柔毛，着生 1～6 朵花，花小；萼绿色，5 裂达中部，裂片卵形，具缘毛；花冠白色，筒部隐于萼内。浆果球状，幼时绿色，成熟后黑色；种子近卵形，两侧压扁。几全年可开花结果。

【分布】 原产南美洲。湖北省武汉市、宜昌市、恩施土家族苗族自治州等地有分布。

【生境】 生于溪边、密林阴湿处或林边荒地。

【传入与扩散】 **传入：**无意引入，叶可作为蔬菜食用，有清凉散热之功，并可兼治喉咙痛。**扩散：**种子繁殖，种子可随鸟类远距离扩散。

【危害及防控】 **危害：**该种为一般杂草，易成为杂草中的优势种，进入农田危害作物。**防控：**开花前及时人工拔除或使用除草剂。

少花龙葵 *Solanum americanum* Miller

1. 植株；2. 花序；3. 果序

103. 紫少花龙葵 *Solanum photeinocarpum* var. *violaceum* (Chen) C. Y. Wu et S. C. Huang

Ⅳ级 一般入侵种　　茄科 Solanaceae　　茄属 *Solanum*

【别名】 痣草、衣扣草、古钮子、打卜子、扣子草、古钮菜、白花菜。

【生物学特征】 纤弱草本，茎无毛或近于无毛。叶薄，卵形至卵状长圆形，两面均具疏柔毛；叶柄纤细，具疏柔毛。花序近伞形，具微柔毛，着生 1～6 朵花，花小；萼绿色，5 裂达中部，裂片卵形，具缘毛；花冠紫色，筒部隐于萼内。浆果球状，幼时绿色，成熟后黑色；种子近卵形，两侧压扁。几全年可开花结果。

【分布】 原产中国，我国南方各地有分布。湖北省武汉市、宜昌市、恩施土家族苗族自治州等地有分布。

【生境】 生于溪边、密林阴湿处或林边荒地。

【传入与扩散】 **传入：**传入方式不详。叶可作为蔬菜食用，有清凉散热之功，并可兼治喉咙痛。**扩散：**种子繁殖，浆果可被鸟类食用，远距离扩散。

【危害及防控】 本种为入侵植物少花龙葵的变种，原产中国，在湖北省分布广泛，因此亦收录为入侵植物。**危害：**该种为一般杂草，易成为杂草中的优势种，危害作物。**防控：**人工拔除或使用除草剂。

紫少花龙葵 *Solanum photeinocarpum* var. *violaceum* (Chen) C. Y. Wu et S. C. Huang

1. 生境；2. 果序；3. 花序

104. 北美车前 *Plantago virginica* L.

Ⅱ级 严重入侵种　车前科 Plantaginaceae　车前属 *Plantago*

【**别名**】北美毛车前、毛车前、毛车前草、美洲车前。

【**生物学特征**】一年生或二年生草本，直根纤细，有细侧根，根、茎短。叶基生呈莲座状，倒披针形或倒卵状披针形，先端急尖或近圆，基部窄楔形，两面及叶柄散生白色柔毛。穗状花序 1 至多数，中空，密被开展的白色柔毛。花期 4—5 月，果期 5—6 月。

【**分布**】原产北美洲。湖北省有广泛分布。

【**生境**】生于低海拔草地、路边、湖畔。

【**传入与扩散**】**传入：**最早在 1951 年江西南昌市莲塘区被发现。**扩散：**种子遇水会产生黏液，借人、动物以及交通工具传播。

【**危害及防控**】**危害：**北美车前繁殖能力极强，蔓延迅速，在恶劣的环境下也能产生较多的种子，常入侵和危害草坪。近年来，北美车前呈现激长趋势，严重影响了当地的生物多样性，对城市生态系统，特别是草坪生态系统造成严重威胁；当种群密度大、花粉量较多时，可能会导致人花粉过敏。**防控：**在花期前人工铲除。

北美车前 *Plantago virginica* L.

1. 生境；2. 植株；3. 叶

105. 阿拉伯婆婆纳 *Veronica persica* Poir.

Ⅱ级 严重入侵种　　车前科 Plantaginaceae　　婆婆纳属 *Veronica*

【别名】 波斯婆婆纳、肾子草。

【生物学特征】 铺散、多分枝草本，茎密生2列柔毛。叶卵形或圆形，两面疏生柔毛；总状花序很长，苞片互生，与叶同形近等大，花萼果期增大，裂片卵状披针形，花冠蓝、紫或蓝紫色，裂片卵形或圆形；蒴果肾形，种子背面具深横纹。花果期3—5月。

【分布】 原产西亚。湖北省有广泛分布。

【生境】 生于路边及荒野草地，特别喜生于旱地夏熟作物田地。

【传入与扩散】 **传入：** 无意引入。祁天锡著的《江苏植物名录》（1921年版）一书对其有记载；1937年出版的《中国植物图鉴》中也有记载；1994年被报道在河南有发现；2010年被报道在河北有发现。**扩散：** 种子传播，向各地扩散。

【危害及防控】 **危害：** 繁殖能力强，生长速度快，生长期长，耐药性强，人工、机械和化学防除都比较困难。阿拉伯婆婆纳会抑制其他植物种子萌发和幼苗生长，使自身在竞争中处于优势地位，影响农作物生长。**防控：** 由于该种处于作物的下层，通过作物的适当密植，可在一定程度上控制这种草害；将旱旱轮作改为水旱轮作，可有效控制这种杂草的发生；绿麦隆、二甲四氯、氯氟吡氧酸等除草剂是防控的有效药剂。

阿拉伯婆婆纳 *Veronica persica* Poir.

1. 生境；2. 花序；3、4. 花

106. 柳叶马鞭草 *Verbena bonariensis* L.

Ⅳ级 一般入侵种　　马鞭草科 Verbenaceae　　马鞭草属 *Verbena*

【别名】 南美马鞭草。

【生物学特征】 株高 60～150 cm，多分枝。茎四方形，叶对生，卵圆形至矩圆形或长圆状披针形；基生叶边缘常有粗锯齿及缺刻，通常 3 深裂，裂片边缘有不整齐的锯齿，两面有粗毛。穗状花序顶生或腋生，细长如马鞭；花小，花冠淡紫色或蓝色。果为蒴果状，外果皮薄，成熟时开裂，内含 4 枚小坚果。花果期 6—8 月。

【分布】 原产南美洲。湖北省各地有栽培。

【生境】 生于河岸、湿地、废弃农田等空旷处。

【传入与扩散】 **传入：**作为观赏花卉引种栽培。**扩散：**种子繁殖，人为引种扩散。

【危害及防控】 **危害：**繁殖能力强，可大面积生长，入侵农田荒地，对作物生长有一定影响。**防控：**控制引种，人工拔除逸生植株。

柳叶马鞭草 *Verbena bonariensis* L.

1. 生境；2. 花序

107. 豚草 *Ambrosia artemisiifolia* L.

Ⅰ级 恶性入侵种 菊科 Asteraceae 豚草属 *Ambrosia*

【别名】 豕草、破布草、艾叶。

【生物学特征】 一年生草本，茎直立，有棱，被疏生密糙毛。下部叶对生，有柄，二次羽状分裂，有明显的中脉，腹面深绿色，被细短伏毛或近无毛，背面灰绿色，被密短糙毛；上部叶互生，无柄，羽状分裂。雄头状花序半球形或卵形，具短梗，下垂，在枝端密集成总状花序；总苞宽半球形或碟形；总苞片全部结合，无肋，边缘具波状圆齿，稍被糙伏毛。瘦果倒卵形，无毛，藏于坚硬的总苞中。花期 8—9 月，果期 9—10 月。

【分布】 原产北美洲。湖北省黄冈市、咸宁市有分布。

【生境】 生于路旁、田间、湿地、河岸。

【传入与扩散】 **传入：**无意传入。**扩散：**瘦果先端具喙和尖刺，可通过小鸟和交通工具传播，或种子随人的鞋底、水流、交通工具等四处传播。

【危害及防控】 **危害：**豚草在生长过程中会向环境释放多种化学物质，对禾本科植物及周围野生植物的种子萌发、生长发育都能产生抑制和排斥作用，能迅速压制当地一年生植物，在异地迅速形成单种优势群落，导致原有植物群落的衰退和消亡，严重破坏生物多样性，造成作物减产甚至绝收。**防控：**秋耕时把种子埋入土中 10 cm 以下，豚草种子就不能萌发。春季当大量豚草出苗时进行春耕，可消灭大部分豚草幼苗。也可释放专食豚草叶片的天敌昆虫，如豚草卷蛾、豚草条纹叶甲、豚草蓟马、豚草实蝇和豚草夜蛾等进行防治。

豚草 *Ambrosia artemisiifolia* L.
1. 生境；2. 植株；3. 花序；4. 茎

108. 黄花蒿 *Artemisia annua* L.

Ⅱ级 严重入侵种 菊科 Asteraceae 蒿属 *Artemisia*

【别名】 香蒿。

【生物学特征】 一年生草本，植株有浓烈的挥发性香气。茎单生，有纵棱，幼时绿色，后变褐色或红褐色，多分枝；茎、枝、叶两面及总苞片背面无毛或初时总苞片背面微有极稀疏短柔毛，后脱落无毛。叶纸质，绿色。头状花序球形；总苞片 3～4 层，外层总苞片长卵形或狭长椭圆形，中肋绿色，边膜质，中层、内层总苞片宽卵形或卵形，花序托凸起，半球形。花深黄色，雌花 10～18 朵，花冠狭管状；两性花 10～30 朵，结实或中央少数花不结实，花冠管状。瘦果小，椭圆状卵形，略扁。花果期 8—11 月。

【分布】 原产地不详，广布于欧洲、亚洲的温带、寒温带及亚热带地区。湖北省有广泛分布。

【生境】 生于沟边湿地、山坡、路旁。

【传入与扩散】 **传入：**传入方式不详。**扩散：**种子繁殖。

【危害及防控】 **危害：**大片生长，可侵入农田、林地，造成作物减产。**防控：**人工铲除和农药防治。

黄花蒿 *Artemisia annua* L.

1. 花期植株；2. 花序；3. 营养期植株

109. 婆婆针 *Bidens bipinnata* L.

Ⅱ级 严重入侵种　　菊科 Asteraceae　　鬼针草属 *Bidens*

【别名】 刺针草、鬼针草。

【生物学特征】 一年生草本。茎直立，下部略具四棱，无毛或上部被稀疏柔毛。叶对生，二回羽状分裂，两面均被疏柔毛。总苞杯形，基部有柔毛，外层苞片5～7枚，条形，被稍密的短柔毛，内层苞片膜质，椭圆形，背面褐色，被短柔毛；托片狭披针形。舌状花通常1～3朵，不育，舌片黄色，盘花筒状，黄色。瘦果条形，具3～4棱，具瘤状突起及小刚毛，顶端有3～4芒刺，具倒刺毛。

【分布】 原产美洲。湖北省有广泛分布。

【生境】 生于路边、荒野。

【传入与扩散】 **传入：**无意引入。**扩散：**种子繁殖，瘦果具倒刺毛，可附在动物毛发上传播。

【危害及防控】 **危害：**恶性杂草，入侵性强，扩散速度快，发生面积大。**防控：**人工铲除与化学防治。

婆婆针 *Bidens bipinnata* L.
1. 生境；2. 植株；3. 花序

110. 金盏银盘 *Bidens biternata* (Lour.) Merr. et Sherff

Ⅱ级 严重入侵种　菊科 Asteraceae　鬼针草属 *Bidens*

【别名】 鬼针草。

【生物学特征】 一年生草本。茎直立，略具四棱，无毛或被稀疏卷曲短柔毛。叶为一回羽状复叶，顶生小叶卵形至长圆状卵形或卵状披针形，两面均被柔毛，侧生小叶 1～2 对，卵形或卵状长圆形；总叶柄无毛或被疏柔毛。头状花序；总苞基部有短柔毛，外层苞片 8～10 枚，背面密被短柔毛，内层苞片背面褐色，被短柔毛。舌状花通常 3～5 朵，不育，舌片淡黄色，或有时无舌状花；盘花筒状。瘦果条形，黑色，顶端有 3～4 芒刺，具倒刺毛。花果期夏秋季。

【分布】 原产亚洲、非洲和西南太平洋岛屿，中国的华南、华东、华中、西南及河北、山西、辽宁等地亦有分布。湖北省有广泛分布。

【生境】 生于路边、村旁及荒地。

【传入与扩散】 **传入：**传入方式不详。**扩散：**种子繁殖，瘦果具倒刺毛，可附在动物毛发上传播。

【危害及防控】 **危害：**常见杂草之一，入侵性强，发生面积大，可侵入农田造成作物减产。**防控：**人工铲除与化学防治。

金盏银盘 *Bidens biternata* (Lour.) Merr. et Sherff

1. 生境；2. 植株；3. 花序；4. 果序

111. 鬼针草 *Bidens pilosa* L.

Ⅱ级 严重入侵种　　菊科 Asteraceae　　鬼针草属 *Bidens*

【别名】 三叶鬼针草、鬼碱草、白鬼针、刺针草。

【生物学特征】 一年生草本，茎无毛或上部被极疏柔毛；茎下部叶较小，3 裂或不分裂，通常在开花前枯萎，中部叶三出，小叶 3 枚；总苞基部被柔毛，外层总苞片 7～8 枚，线状匙形，草质，背面无毛或边缘有疏柔毛；无舌状花，盘花筒状，冠檐 5 齿裂。瘦果熟时黑色，线形，具棱，上部具稀疏瘤突及刚毛，顶端芒刺 3～4，具倒刺毛。花果期全年。

【分布】 原产美洲热带地区。湖北省各地有分布。

【生境】 生于村旁、路边及荒地。

【传入与扩散】 **传入：**无意传入，可能通过附着于人、畜和货物传入中国。**扩散：**瘦果冠毛芒状且具倒刺，具有较强的繁殖力和散布力。成株对光、温度、氮素有较强的表型可塑性，且产种迅速，结实量大，种子萌发率高。这些特性使得三叶鬼针草扩散到一个新生境后，在一到两代内就能产生一个大的种群，从而快速完成定植和扩散。

【危害及防控】 **危害：**鬼针草能产生化感物质，对伴生植物（作物和杂草）的发芽、幼苗生长有不利影响。**防控：**500 克 / 升特丁噻草隆悬浮剂对三叶鬼针草的防除效果最佳，其次为 60% 恶草 · 丁草胺乳油和 57% 氧氟 · 乙草胺乳油。另外，50% 丁草胺、90% 乙草胺、960 克 / 升精异丙甲草胺、120 克 / 升恶草酮、24% 乙氧氟草醚 5 种除草剂对三叶鬼针草的防除也具有一定效果。

鬼针草 *Bidens pilosa* L.
1. 植株；2. 果序；3 花序

112. 狼耙草 *Bidens tripartita* L.

Ⅱ级 严重入侵种　菊科 Asteraceae　鬼针草属 *Bidens*

【别名】 狼把草、矮狼杷草、狼杷草。

【生物学特征】 一年生草本。茎圆柱状或具钝棱而稍呈四方形，无毛，绿色或带紫色。叶对生，叶片无毛或背面有极稀疏的小硬毛。头状花序单生茎端及枝端，具较长的花序梗。总苞盘状，外层苞片 5～9 枚，条形或匙状倒披针形，具缘毛，外层苞片叶状，内层苞片长椭圆形或卵状披针形，膜质，褐色，有纵条纹，具透明或淡黄色的边缘；托片条状披针形，背面有褐色条纹。无舌状花，全为筒状两性花。瘦果扁，楔形或倒卵状楔形，边缘有倒刺毛，顶端具芒刺，两侧有倒刺毛。花果期 8—10 月。

【分布】 原产北美洲。湖北省有广泛分布。

【生境】 生于路边、荒野及水边（湿地）。

【传入与扩散】 **传入：**传入方式不详。**扩散：**种子繁殖，能产生大量有倒刺毛的种子，附在动物毛发上传播。

【危害及防控】 **危害：**恶性杂草，入侵性强，扩散速度快，入侵林田。**防控：**人工铲除与化学防治。

狼耙草 *Bidens tripartita* L.

1、3. 果序；2. 生境；4. 植株

113. 大狼耙草 *Bidens frondosa* L.

Ⅱ级 严重入侵种　菊科 Asteraceae　鬼针草属 *Bidens*

【别名】 接力草、大狼杷草。

【生物学特征】 一年生草本。茎直立，分枝，被疏毛或无毛，常带紫色。叶对生，一回羽状复叶，小叶 3～5 枚，背面被稀疏短柔毛，边缘有粗锯齿。头状花序单生茎端和枝端。总苞钟状或半球形，外层苞片通常 8 枚，叶状，边缘有缘毛，内层苞片膜质，具淡黄色边缘。无舌状花或舌状花不发育，极不明显，筒状花两性；瘦果扁平，狭楔形，近无毛或被糙伏毛，顶端芒刺 2 枚，有倒刺毛。

【分布】 原产北美。湖北省有广泛分布。

【生境】 生于田野湿润处。

【传入与扩散】 **传入：**可能通过作物贸易或旅行等无意引入华东地区。**扩散：**种子繁殖，能产生大量有倒刺毛的种子，附在动物毛发上传播；水流也可以帮助其传播。

【危害及防控】 **危害：**大狼耙草常形成优势种群或单一优势种群，对本地杂草、物种的生物多样性产生影响。适应性强，喜于湿润的土壤上生长，常生长在荒地、路边和沟边，具有较强的繁殖能力，易形成优势群落，排挤本地植物。在低洼的水湿处及稻田的田埂上生长较多；在稻田缺水的条件下，可大量侵入田中，与农作物竞争养分，降低作物产量。**防控：**开花前人工铲除或幼苗期化学防治效果较好。

大狼耙草 *Bidens frondosa* L.

1. 植株；2、3. 花序

114. 藿香蓟 *Ageratum conyzoides* L.

Ⅱ级 严重入侵种　菊科 Asteraceae　藿香蓟属 *Ageratum*

【别名】 臭草、胜红蓟。

【生物学特征】 一年生草本，无明显主根。茎粗壮，不分枝或自基部或中部以上分枝。全部茎枝淡红色（或上部绿色），被白色尘状短柔毛或上部被稠密开展的长绒毛。叶对生，有时上部互生，卵形或长圆形。头状花序4～18个在茎顶排成通常紧密的伞房状花序，总苞钟状或半球形，苞片2层。花冠外面无毛或顶端有尘状微柔毛，淡紫色。瘦果黑褐。花果期几全年（不同地区视气温不同情况稍异）。

【分布】 原产美洲热带地区。湖北省武汉市、十堰市、随州市、黄冈市有分布。

【生境】 生于山谷、山坡、林下或林缘、河边、草地、田边或荒地。

【传入与扩散】 **传入：**19世纪有意引入香港，以人工园林引种的方式传入。**扩散：**依靠种子或扦插繁殖，种子可随农耕活动传播。

【危害及防控】 **危害：**入侵农田后造成农作物减产，具有较强的化感作用、光竞争能力和种子繁殖能力等特性，已对包括中国南部地区在内的亚、欧、非三洲热带和亚热带生态系统造成了严重影响。**防控：**除化学防治、物理防治、生物防治等传统方法外，还可采用一种对环境友好的防控方法——替代控制法，即将白车轴草和杂交狼草按一定比例搭配后播种可以控制藿香蓟的生长（甚至替代藿香蓟），替代后再防治或铲除。

藿香蓟 *Ageratum conyzoides* L.

1. 生境；2、3. 花序

115. 菊苣 *Cichorium intybus* L.

Ⅳ级 一般入侵种　　菊科 Asteraceae　　菊苣属 *Cichorium*

【别名】 蓝花菊苣。

【生物学特征】 多年生草本。茎枝绿色，疏被弯曲糙毛或刚毛或几无毛。基生叶莲座状，倒披针状长椭圆形，两面被稀疏的多细胞长节毛，且叶脉及边缘的毛较多。头状花序单生或集生茎枝端，或排成穗状花序。舌状小花蓝色，有色斑。瘦果褐色，有棕黑色色斑。花果期 5—10 月。

【分布】 原产欧洲。湖北省内主要于长江中下游流域有分布。

【生境】 生于滨海荒地、河边、水沟边或山坡。

【传入与扩散】 **传入：**作为蔬菜被引种栽培，常被用作食用蔬菜、饲料原料和制糖原料等，并作为药用植物被研究。**扩散：**地下鳞茎及根易随带土苗木传播，繁殖迅速；主要通过人为活动无意传播，传播范围较广。

【危害及防控】 **危害：**可作野趣园栽植材料或于疏林杂植，危害性暂不确定。**防控：**控制引种，发现逸生及时人工铲除。

菊苣 *Cichorium intybus* L.
1. 生境；2、3. 花序；4. 叶片

116. 剑叶金鸡菊 *Coreopsis lanceolata* L.

Ⅲ级 局部入侵种　　菊科 Asteraceae　　金鸡菊属 *Coreopsis*

【别名】 线叶金鸡菊、大金鸡菊。

【生物学特征】 一年生草本。茎无毛或基部被软毛，上部有分枝；茎基部叶成对簇生，叶匙形或线状倒披针形，长 3.5～7 cm；茎上部叶全缘或 3 深裂；头状花序单生茎端；总苞片近等长，披针形；舌状花黄色，舌片倒卵形或楔形，管状花窄钟形；瘦果圆形或椭圆形，边缘有膜质翅，顶端有 2 短鳞片。花期 5—9 月。

【分布】 原产北美洲。湖北省各地有栽培。

【生境】 长于山地荒坡、沟坡、林间空地及沿海沙地等。

【传入与扩散】 1952 年出版的《广州常见经济植物》(中国植物学会广州分会编)一书称该种为剑叶波斯菊,《中国植物志》第七十五卷中称(改称)该种为剑叶金鸡菊。**传入：**1911 年从日本引入中国台湾，作为园艺植物栽培，后逸生。**扩散：**人工引种，种子繁殖。

【危害及防控】 **危害：**具有很强的生长能力和繁殖能力，与草木争地，降低土壤肥力，影响生长在该植物周边的其他植物，以侵占土地为特点，影响植物多样性。**防控：**限制引种栽培，用乡土物种丰富群落生物多样性。

剑叶金鸡菊 *Coreopsis lanceolata* L.
1. 植株；2. 花序

117. 两色金鸡菊 *Coreopsis tinctoria* Nutt.

Ⅲ级 局部入侵种　菊科 Asteraceae　金鸡菊属 *Coreopsis*

【别名】 蛇目菊、雪菊、天山雪菊。

【生物学特征】 一年生草本，无毛。茎直立，上部有分枝。叶对生，下部及中部叶有长柄，二次羽状全裂，裂片线形或线状披针形，全缘；上部叶无柄或下延成翅状柄，线形。头状花序多数，有细长花序梗，排列成伞房状或疏圆锥花序状。总苞半球形；舌状花黄色，舌片倒卵形，管状花红褐色、狭钟形。瘦果长圆形或纺锤形，两面光滑或有瘤状突起，顶端有2细芒。花期5—9月，果期8—10月。

【分布】 原产美国。湖北省各地有栽培。

【生境】 生于山地荒坡、林间空地等。

【传入与扩散】 1933年版《植物学大辞典》（孔庆莱等著）称该种为波斯菊，《中国植物志》第七十五卷则将其称作（改称）两色金鸡菊。**传入：**有意引种，1911年从日本引入中国台湾，作为园艺物种栽培。**扩散：**人工引种，种子繁殖。

【危害及防控】 **危害：**生长旺盛，繁殖能力强，严重阻碍入侵地乡土植物的生长，影响当地生物多样性。**防控：**限制引种栽培，用乡土物种丰富群落生物多样性。

两色金鸡菊 *Coreopsis tinctoria* Nutt.

1. 生境；2. 植株

118. 黄秋英 *Cosmos sulphureus* Cav.

Ⅲ级 局部入侵种 菊科 Asteraceae 秋英属 *Cosmos*

【别名】 硫华菊、硫磺菊、硫黄菊、黄波斯菊。

【生物学特征】 一年生草本，无毛或疏生柔毛或具糙硬毛。多分枝，叶为对生的二回羽状复叶，深裂，裂片呈披针形，有短尖，叶缘粗糙。花为舌状花，有单瓣和重瓣两种，直径 3～5 cm，颜色多为黄色、金黄色、橙色、红色。瘦果总长 1.8～2.5 cm，棕褐色，坚硬，表面粗糙有毛，顶端有细长喙。花果期 6—9 月。

【分布】 原产墨西哥。湖北省各地有广泛栽培。

【生境】 生长于荒野、草坡或道路两旁。

【传入与扩散】 **传入：**作为观赏花卉引种栽培。**扩散：**种子或营养繁殖，易作为观赏花卉栽培而逸生。

【危害及防控】 **危害：**适应性强，常在道路两旁、山坡蔓延，影响景观和森林恢复。**防控：**控制引种，不宜作为荒野、草坡、道路两旁的绿化和美化植物。

黄秋英 *Cosmos sulphureus* Cav.

1. 生境；2. 植株；3. 花序

119. 秋英 *Cosmos bipinnatus* Cavanilles

Ⅳ级 一般入侵种 菊科 Asteraceae 秋英属 *Cosmos*

【别名】 格桑花、扫地梅、波斯菊、大波斯菊。

【生物学特征】 一年生或多年生草本。茎无毛或稍被柔毛；叶二次羽状深裂，裂片线形或丝状线形。头状花序单生；总苞片外层披针形或线状披针形，近革质，淡绿色，具深紫色条纹。舌状花紫红色、粉红色或白色，舌片椭圆状倒卵形，有3～5钝齿；管状花黄色。瘦果黑紫色，无毛，上端具长喙，有2～3尖刺。花期6—8月，果期9—10月。

【分布】 原产墨西哥和美国西南部。湖北省各地有广泛栽培。

【生境】 生长于荒野、草坡或道路两旁。

【传入与扩散】 **传入：**作为观赏植物自墨西哥引种，模式标本存于西班牙马德里植物标本馆（MA）。《青岛植物志》（*Prodromus Florae Tsingtauensis*）中记载山东青岛有栽培。**扩散：**种子繁殖，作为观赏花卉栽培而逸生。

【危害及防控】 **危害：**逸生杂草，常在道路两旁、山坡蔓延，影响景观和森林恢复。**防控：**登记审批，严格控制引种。不宜作为荒野、草坡、道路两旁的绿化和美化植物。

秋英 *Cosmos bipinnatus* Cavanilles

1. 生境；2. 植株；3、4. 花序

120. 野茼蒿 *Crassocephalum crepidioides* (Benth.) S. Moore

Ⅳ级 一般入侵种　　菊科 Asteraceae　　野茼蒿属 *Crassocephalum*

【别名】 冬风菜、假茼蒿、草命菜、昭和草。

【生物学特征】 直立草本，无毛。叶膜质，椭圆形或长圆状椭圆形，先端渐尖，基部楔形，边缘有不规则锯齿或重锯齿，或基部羽裂。头状花序在茎端排成伞房状；总苞钟状，有数枚线状小苞片，总苞片 1 层，线状披针形，先端有簇状毛；小花全部管状，两性，花冠红褐或橙红色；花柱分枝，顶端尖，被乳头状毛。瘦果窄圆柱形，红色，白色冠毛多数，绢毛状。花果期 7—12 月。

【分布】 原产非洲热带地区。湖北省宣恩县、咸丰县、鹤峰县、神农架林区有分布。

【生境】 生于山坡（路旁）、水边、灌丛。

【传入与扩散】 **传入：**无意引入。20 世纪 30 年代初从中南半岛蔓延入境。**扩散：**该种具结实量大的特点，其头状花序能产生大量的瘦果。种子几乎没有休眠期，成熟后即可萌发，具冠毛，冠毛特别丰富，借助风力可以扩散，亦可借助长皮毛的动物传播，传播力极强。

【危害及防控】 **危害：**野茼蒿是长于旱田、果园、菜园和茶园的杂草，耗肥耗水，与栽培植物争水、争肥、争光，影响作物产量和质量；由于有很强的生长优势，使本土植物受严重排挤，对入侵地生态环境和物种多样性构成威胁。化感作用较强，对旱作物小麦、玉米等的种子萌发和幼苗生长有着不同程度的抑制作用。**防控：**在野茼蒿开花前经常翻耕可以有效地遏制野茼蒿种子的萌发和出苗，也可选用百草枯快速、高效地触杀野茼蒿植株体。

野茼蒿 *Crassocephalum crepidioides* (Benth.) S. Moore
1. 植株；2. 花；3. 果

121. 鳢肠 *Eclipta prostrata* (L.) L.

Ⅲ级 局部入侵种　菊科 Asteraceae　鳢肠属 *Eclipta*

【别名】 凉粉草、墨汁草、墨旱莲、墨莱、旱莲草。

【生物学特征】 一年生草本。茎直立，斜向上或平卧，被贴生糙毛。叶长圆状披针形或披针形，边缘有细锯齿或有时仅呈波状，两面被密硬糙毛。总苞球状钟形，总苞片绿色，草质，5～6个排成2层，背面及边缘被白色短伏毛；花冠管状，白色，顶端4齿裂；瘦果暗褐色，雌花的瘦果三棱形，两性花的瘦果扁四棱形，顶端截形。花期6—8月，果期8—11月。

【分布】 原产美洲。湖北省有广泛分布。

【生境】 生于河边、田边或路旁。

【传入与扩散】 **传入：**无意引进，民间常以此作猪饲料。**扩散：**种子繁殖。

【危害及防控】 **危害：**具有化感作用，水提液对其他植物的种子萌发及生长具有极显著的化感抑制作用，对入侵地生态环境及物种多样性造成严重影响。**防控：**人工铲除或者化学防治，可用25克/升氯氟吡啶酯乳油喷雾施药。

鳢肠 *Eclipta prostrata* (L.) L.

1. 生境；2. 花茎；3. 花序

122. 一年蓬 *Erigeron annuus* (L.) Pers.

I 级 恶性入侵种　　菊科 Asteraceae　　飞蓬属 *Erigeron*

【别名】 治疟草、千层塔。

【生物学特征】 一年生或二年生草本。茎下部被长硬毛，上部被上弯短硬毛。下部茎生叶与基部叶同形，叶柄较短；中部和上部叶具短柄或无柄，有齿或近全缘；最上部叶线形；叶边缘被硬毛，两面被疏硬毛或近无毛。头状花排成疏圆锥花序，总苞片 3 层，淡绿色或少量偏褐色，背面密被腺毛和疏长毛；中央两性花管状，黄色，檐部近倒锥形，裂片无毛。瘦果被疏贴柔毛。花果期 5—9 月。

【分布】 原产北美洲。湖北省各地有分布。

【生境】 生于山坡、路边及田野。

【传入与扩散】 **传入：**无意引入。**扩散：**种子繁殖，果实上有冠毛，质轻，能借风力传播。

【危害及防控】 **危害：**一年蓬由于具有强大的适应性与繁殖力，一旦进入生态系统就会大规模繁殖，破坏当地的植被环境，形成优势种群，对本地物种的生物多样性产生影响；且能产生化感物质，对伴生植物（作物和杂草）的发芽、幼苗生长造成不利影响。**防控：**物理防治是在一年蓬开花前并且入侵数量不多的情况下进行，可以采取人工拔除的方式。在一年蓬正处于结实期并且入侵量不大的情况下，先剪去其果实，用袋子包好（避免大量一年蓬种子落粒），再采取人工拔除的办法。化学防治是当一年蓬入侵面积比较大时使用，用恶草灵、果尔和草甘膦等除草剂，都有很好的防治效果，而且其成本也不高。对结实期的一年蓬，可以结合农药防除，先人工去除果实再用化学方法防治。两者结合的方式防除效果最佳。

一年蓬 *Erigeron annuus* (L.) Pers.
1. 生境；2. 花序；3. 叶片及花序

123. 香丝草 *Erigeron bonariensis* L.

I 级 恶性入侵种　　菊科 Asteraceae　　飞蓬属 *Erigeron*

【别名】 蓑衣草、野地黄菊、野塘蒿。

【生物学特征】 一年生或二年生草本。茎密被伏贴短毛，兼有疏长毛。下部叶基部渐窄成长柄，具粗齿或羽状浅裂；中上部叶具短柄或无柄，中部叶具齿，上部叶全缘；叶两面均密被糙毛。头状花序在茎端排成总状或总状圆锥花序；总苞片 2～3 层，线形，背面密被灰白色糙毛；雌花多层，白色，花冠细管状，无舌片或顶端有 3～4 细齿。两性花淡黄色，花冠管状，管部上部被疏微毛，具 5 齿裂。瘦果被疏短毛，冠毛 1 层，淡红褐色。花果期 5—10 月。

【分布】 原产南美洲。湖北省有广泛分布。

【生境】 生于荒地、田边、路旁。

【传入与扩散】 **传入：**通过风力等自然传播方式从周边传入，属于无意传入。**扩散：**有性生殖产生的种子量大，产生的线状披针形瘦果能够借助冠毛随风扩散，扩散速度极快。

【危害及防控】 **危害：**香丝草能产生大量的线状披针形瘦果，借冠毛随风扩散，有适应能力强、繁殖能力强和传播能力强等入侵种特点，对本地种具有很强的竞争优势，常形成较大规模的入侵种群，在路边成片出现，形成严重的危害。此外，香丝草作为棉铃虫的中间寄主，对秋收作物生长有比较严重的影响。**防控：**物理防除是在秋季种子尚未成熟时对香丝草进行集中刈除。化学防除是用美洲商陆、白花曼陀罗等 6 种植物的甲醇提取物进行防控（研究表明，该物质对香丝草有显著的除草活性）。

香丝草 *Erigeron bonariensis* L.

1. 花序；2. 植株

124. 小蓬草 *Erigeron canadensis* L.

I 级 恶性入侵种　菊科 Asteraceae　飞蓬属 *Erigeron*

【别名】 小飞蓬、飞蓬、加拿大蓬、小白酒草、蒿子草。

【生物学特征】 一年生草本。茎直立，圆柱状，多少具棱，有条纹，被疏长硬毛，上部多分枝。叶密集，基部叶花期常枯萎，边缘具疏锯齿或全缘，中部和上部叶较小，近无柄或无柄，两面或仅腹面被疏短毛，边缘常被上弯的硬缘毛。头状花序多数，排列成顶生多分枝的大圆锥花序；总苞片 2～3 层，淡绿色；花托平，具不明显的突起；雌花多数，舌状，白色；两性花淡黄色，花冠管状，上端具 4～5 个齿裂，管部上部被疏微毛。瘦果线状披针形。花果期 5—9 月。

【分布】 原产北美洲。湖北省各地有分布。

【生境】 生于旷野、荒地、田边和路旁。

【传入与扩散】 **传入：**无意传入。**扩散：**该种能产生大量瘦果，借冠毛随风扩散。

【危害及防控】 **危害：**小蓬草常形成优势种群或单一优势种群，对本地物种的生物多样性产生影响；且能产生化感物质，对伴生植物（作物和杂草）的发芽、幼苗生长造成不利影响。在自然条件下可通过茎叶淋溶、土壤残体分解和根系分泌的共同作用向农业生态系统释放化感物质，但主要以根系分泌为主，威胁周围植物的生存。**防控：**可使用草甘膦等化学药剂对小蓬草进行化学防治。也可根据小蓬草的生长环境就地取材，选择合适的覆盖材料防控。如生长环境为茶园时，可以用五节芒茎秆覆盖的措施进行防控，将大量分布在茶园的五节芒在其开花前割除，作为覆盖材料防控杂草。

小蓬草 *Erigeron canadensis* L.

1. 生境；2. 花序；3. 植株

125. 苏门白酒草 *Erigeron sumatrensis* Retz.

I 级 恶性入侵种 菊科 Asteraceae 飞蓬属 *Erigeron*

【别名】 苏门白酒菊。

【生物学特征】 一年生或二年生草本。茎粗壮，直立，具条棱，绿色或下部红紫色，被较密灰白色上弯糙短毛。叶密集，两面特别背面被密糙短毛。头状花序多数，在茎枝端排列成大而长的圆锥花序；总苞卵状短圆柱形，总苞片 3 层，灰绿色，线状披针形或线形，背面被糙短毛；雌花多层，舌片淡黄色或淡紫色；两性花 6～11 个，花冠淡黄色；瘦果线状披针形，被贴微毛。花果期 5—10 月。

【分布】 原产南美洲。湖北省有广泛分布。

【生境】 生于山坡、草地、旷野、路旁。

【传入与扩散】 **传入：**19 世纪中期引入中国，现广泛分布在长江以南的大部分地区。**扩散：**种子繁殖，能产生大量有冠毛的种子，可随风传播扩散。

【危害及防控】 **危害：**广泛分布的恶性杂草之一，入侵性强，扩散速度快，严重破坏入侵地生态系统，有化感作用，抑制其他植物生长。**防控：**人工铲除及化学防治（用农药控制）。

苏门白酒草 *Erigeron sumatrensis* Retz.

1. 植株；2. 花茎；3. 花序

126. 白头婆 *Eupatorium japonicum* Thunb.

Ⅲ级 局部入侵种 菊科 Asteraceae 泽兰属 *Eupatorium*

【别名】 泽兰、三裂叶白头婆。

【生物学特征】 多年生草本。茎直立，下部或至中部或全部淡紫红色，通常不分枝，全部茎枝被白色皱波状短柔毛，花序分枝上的毛较密，茎下部或全部花期脱毛或疏毛。叶对生；全部茎叶两面粗涩，被皱波状长或短柔毛及黄色腺点。头状花序排成紧密的伞房花序。总苞片覆瓦状排列，3 层；绿色或带紫红色。花白色或带红紫色或粉红色。瘦果淡黑褐色，椭圆状，无毛；种子冠毛白色。花果期 6—11 月。

【分布】 原产东亚和越南。湖北省有广泛分布。

【生境】 生于山坡、草地、林下、灌丛、湿地及河岸等地。

【传入与扩散】 **传入：**传入方式不详，可能为国产种。**扩散：**种子繁殖，种子具冠毛，可随风传播。

【危害及防控】 **危害：**一般性杂草，入侵性较强，可侵入农田；在湖北省有蔓延迹象，构成生态危害，侵入经济林地，影响作物生长。**防控：**人工铲除与化学防治。

白头婆 *Eupatorium japonicum* Thunb.

1. 植株；2. 花序

127. 天人菊 *Gaillardia pulchella* Foug.

Ⅳ级 一般入侵种 菊科 Asteraceae 天人菊属 *Gaillardia*

【别名】 老虎皮菊、虎皮菊。

【生物学特征】 一年生草本。茎中部以上多分枝，分枝斜伸，被短柔毛或锈色毛。下部叶匙形或倒披针形，边缘波状钝齿、浅裂或琴状分裂，近无柄，上部叶长椭圆形，全缘或上部有疏锯齿或中部以上 3 浅裂，基部无柄或心形半抱茎，叶两面被伏毛。总苞片披针形，边缘有长缘毛，背面有腺点，基部密被长柔毛。舌状花黄色，基部带紫色；管状花裂片三角形，顶端渐尖成芒状，被节毛。瘦果基部被长柔毛。花果期 6—8 月。

【分布】 原产美洲。湖北省有广泛栽培。

【生境】 生于路旁、荒地。

【传入与扩散】 **传入：**有意引进，作为观赏植物引种栽培。**扩散：**种子传播。

【危害及防控】 **危害：**对其他植物有一定的化感作用。**防控：**将逸生植株在结果前清除。

天人菊 *Gaillardia pulchella* Foug.

1. 生境；2. 花序；3. 植株

128. 牛膝菊 *Galinsoga parviflora* Cav.

Ⅱ级 严重入侵种　　菊科 Asteraceae　　牛膝菊属 *Galinsoga*

【别名】 铜锤草、珍珠草、向阳花、辣子草。

【生物学特征】 一年生草本。茎枝被贴伏柔毛和少量腺毛。叶对生，卵形或长椭圆状卵形；茎叶两面疏被白色贴伏柔毛，花序下部的叶有时全缘或近全缘。头状花序半球形，排成疏散伞房状；舌状花4～5，舌片白色，先端3齿裂，筒部细管状，密被白色柔毛；管状花黄色，下部密被白色柔毛；舌状花冠毛呈毛状，脱落；管状花冠毛膜片状，白色，披针形，边缘流苏状。瘦果具3棱或中央瘦果4～5棱，熟时黑色或黑褐色，被白色微毛。花果期7—10月。

【分布】 原产南美洲。湖北省各地有分布。

【生境】 生于林下、河谷、荒野、河边、田间、溪边或市郊路旁。

【传入与扩散】 **传入：**无意传入，极可能因园艺植物引种等传入。**扩散：**种子繁殖，随苗木传播。果实具伞状结构，便于风媒传播。

【危害及防控】 **危害：**牛膝菊能产生化感物质，对伴生植物（作物和杂草）的发芽和幼苗生长造成不利影响。肥沃的土壤为牛膝菊的生长提供了物质基础，使其生长迅速，与玉米、红薯等作物争夺光照、水分、肥料和生存空间，降低农作物产量。**防控：**采取人工机械割除的方法，将结果前的牛膝菊彻底清除干净。采用适应性强的本土种类对已遭到破坏的植被及时进行恢复，修复保护区的裸地、荒地及人为干扰严重的生境。开展外来入侵植物天敌昆虫的筛选研究，实施生物防治。可采用补偿生长、物理防御、化学防御多种手段来制定防御策略。

牛膝菊 *Galinsoga parviflora* Cav.

1. 生境；2. 花序；3. 植株

129. 粗毛牛膝菊 *Galinsoga quadriradiata* Ruiz et Pav.

Ⅱ级 严重入侵种　菊科 Asteraceae　牛膝菊属 *Galinsoga*

【**别名**】睫毛牛膝菊。

【**生物学特征**】一年生草本。茎多分枝，具浓密刺芒和细毛。单叶，对生，具叶柄，卵形至卵状披针形，叶缘细锯齿状。头状花多数，顶生，具花梗，呈伞状排列；总苞近球形，绿色，舌状花 5，白色，筒状花黄色，多数，具冠毛；果实为瘦果，黑色。花果期 7—10 月。

【**分布**】原产南美洲。湖北省有广泛分布。

【**生境**】生于农田、河边、林下、荒野和市郊路旁等。

【**传入与扩散**】**传入：**无意传入，20 世纪中叶随园艺植物引种传入。**扩散：**成熟种子可借助风力传播，或附着于交通工具、人畜等随之广泛散播。

【**危害及防控**】**危害：**粗毛牛膝菊对秋收作物（玉米、大豆、甘薯）、部分叶菜类作物等有一定危害；其结实量较大，在适宜的环境中可快速扩散，排挤本地植物，形成大面积的优势种群落；可入侵和危害草坪、绿地，使其荒废，给城市绿化和生物多样性带来较大威胁。**防控：**据研究，用 20% 氯氟吡氧乙酸乳油和 20% 氟磺胺草醚水剂作为粗毛牛膝菊的防控药剂，对开花期粗毛牛膝菊的化学防除效果良好。生物防治是通过前期种植覆盖作物，降低粗毛牛膝菊的种子产量和生物量的办法；对其进行替代防治可使粗毛牛膝菊种子产量及生物量大幅减少。

粗毛牛膝菊 *Galinsoga quadriradiata* Ruiz et Pav.

1. 生境；2、3. 花序

130. 黑心金光菊 *Rudbeckia hirta* L.

Ⅳ级 一般入侵种 菊科 Asteraceae 金光菊属 *Rudbeckia*

【别名】 黑眼菊、黑心菊。

【生物学特征】 一年生或二年生草本。茎不分枝或上部分枝，全株被粗刺毛。下部叶有三出脉，边缘有细锯齿，有具翅的柄；上部叶无柄或具短柄，两面被白色密刺毛。总苞片外层长圆形，顶端钝，全部被白色刺毛。舌状花鲜黄色；舌片长圆形，通常 10～14 个，顶端有 2～3 个不整齐短齿。管状花暗褐色或暗紫色。瘦果四棱形，黑褐色，无冠毛。花果期 5—11 月。

【分布】 原产北美。湖北省武汉市和宣恩县有分布。

【生境】 生于草地、路旁、河边及田野。

【传入与扩散】 **传入：**引种栽培，庭园常见栽培植物之一，供观赏。**扩散：**种子传播。

【危害及防控】 **危害：**有一定的入侵性；全草有毒，牲畜食用会中毒。**防控：**人工拔除逃逸植株。

黑心金光菊 *Rudbeckia hirta* L.

1. 植株；2. 花序；3. 叶片

131. 金光菊 *Rudbeckia laciniata* L.

Ⅳ级 一般入侵种　　菊科 Asteraceae　　金光菊属 *Rudbeckia*

【别名】 黑眼菊。

【生物学特征】 多年生草本。茎上部有分枝，无毛或稍有短糙毛。叶互生，无毛或被疏短毛。下部叶具叶柄，边缘具不等的疏锯齿或浅裂；中部叶3～5深裂，上部叶不分裂，背面边缘被短糙毛。头状花序单生于枝端，具长花序梗。总苞半球形，总苞片2层，被短毛。舌状花金黄色，管状花黄色或黄绿色。瘦果无毛，扁平，稍有4棱。花果期7—10月。

【分布】 原产北美洲。湖北省武汉市、恩施土家族苗族自治州、咸宁市等地有分布。

【生境】 生于草地、荒地和路边。

【传入与扩散】 **传入：**有意引进，中国各地庭园常见栽培种。**扩散：**无性繁殖或者种子繁殖。

【危害及防控】 **危害：**虽可用于园艺观赏，但有一定的入侵性；全草有毒，牲畜食用会中毒。**防控：**人工拔除逃逸植株。

金光菊 *Rudbeckia laciniata* L.

1. 植株；2. 花序

132. 欧洲千里光 *Senecio vulgaris* L.

Ⅲ级 局部入侵种　　菊科 Asteraceae　　千里光属 *Senecio*

【别名】 白顶草、北千里光、欧千里光。

【生物学特征】 一年生草本。茎疏被蛛丝状毛至无毛。叶倒披针状匙形或长圆形羽状，浅裂至深裂，侧生裂片3～4对，具齿，下部叶基部渐窄成柄，无柄；中部叶基部半抱茎，两面尤其背面被蛛丝状毛或无毛；上部叶线形，具齿。头状花序，无舌状花，管状花多数，花冠黄色，排成密集伞房花序，具数个线状钻形小苞片；总苞钟状，黑色长尖头，总苞片18～22，线形，上端变黑色，背面无毛。瘦果圆柱形，沿肋有柔毛，冠毛白色。花果期4—10月。

【分布】 原产欧洲。湖北省神农架林区有分布。

【生境】 生于开旷山坡、草地及路旁。

【传入与扩散】 **传入：**自然扩散或随交通工具传入。**扩散：**瘦果混在作物种子或草皮种子中传播，定居后产生大量瘦果，借冠毛随风扩散。

【危害及防控】 **危害：**生命力极强，因其繁殖量大、危害面积广，不易消除。该种对某些除草剂有抗性，在果园中容易扩散，同时也侵入农田产生危害（主要危害夏收作物），在低纬度地区也容易入侵山地生态系统。**防控：**生物防治时可用真菌、昆虫、线虫和病毒来控制欧洲千里光的生长，如用锈菌和辰砂飞蛾。同时也可以考虑辅以除草剂进行化学防治，如使用锈菌控制欧洲千里光生长的同时，利用二甲戊乐灵对抗该种及其他杂草生长。控制欧洲千里光生长和扩散的方法很多，但只使用一种方法时效果并不理想，需要根据当地的实际情况采用多种方法相结合的办法来控制其危害。

欧洲千里光 *Senecio vulgaris* L.

1. 生境；2. 花序；3. 植株；4. 花序及果序

133. 串叶松香草 *Silphium perfoliatum* L.

Ⅳ级 一般入侵种　　菊科 Asteraceae　　松香草属 *Silphium*

【别名】 菊花草、松香草。

【生物学特征】 多年生草本；茎直立，四棱形，上部分枝；叶对生，茎从两片叶中间贯串而出，卵形，先端急尖，下部叶基部渐狭成柄，边缘具粗牙齿；头状花序，在茎顶成伞房状；总苞苞片数层，舌片先端3齿；管状花黄色，两性，不育。花期6—9月，果期9—10月。

【分布】 原产北美洲。湖北省十堰市、恩施土家族苗族自治州等地有分布。

【生境】 生于山地荒坡、林缘及水边。

【传入与扩散】 **传入：**1979年从朝鲜引入中国，作为优质饲料引种栽培。**扩散：**种子繁殖，耐寒、耐热、适应性强。

【危害及防控】 **危害：**串叶松香草根、茎中的苷类物质含量较多，苷类大多具有苦味。根和花中生物碱含量较多，生物碱对神经系统有明显的生理作用，大剂量能引起抑制作用。叶中含有鞣质，花中还含有黄酮类化合物。串叶松香草中还含有松香草素、二萜和多糖，其含有的8种皂苷，被统称为松香苷，属三萜类化合物。以较多串叶松香草喂猪会导致猪积累性毒物中毒。**防控：**谨慎引种，严格控制栽培范围。

串叶松香草 *Silphium perfoliatum* L.

1. 生境；2. 植株；3. 叶片

134. 加拿大一枝黄花 *Solidago canadensis* L.

Ⅰ级 恶性入侵种　菊科 Asteraceae　一枝黄花属 *Solidago*

【别名】 麒麟草、幸福草、黄莺、金棒草。

【生物学特征】 多年生草本，有长根状茎。茎直立，高达 2.5 m。叶披针形或线状披针形。头状花序很小，在花序分枝上单面着生，多数弯曲的花序分枝与单面着生的头状花序形成开展的圆锥状花序。总苞片线状披针形。边缘舌状花很短。花果期 10—11 月。

【分布】 原产北美。湖北省武汉市、赤壁市、宣恩县等地有分布。

【生境】 生长在开阔地，如疏林下、路边、果园、苗圃。

【传入与扩散】 **传入：**1935 年作为观赏植物引入中国，引种后逸生成杂草，并且是恶性杂草。**扩散：**种子繁殖，根状茎发达，繁殖力极强，传播速度快，生长优势明显，生态适应性广。

【危害及防控】 **危害：**加拿大一枝黄花的危害主要表现在对本地生态平衡的破坏和对本地生物多样性的威胁。这是由于加拿大一枝黄花具有强大的竞争优势，体现在繁殖能力强（无性有性结合）、传播能力强（远近结合）、生长期长。在其他秋季杂草枯萎或停止生长的时候，加拿大一枝黄花依然茂盛，花黄叶绿，而且地下根茎持续横走，不断蚕食其他杂草的领地，而此时其他杂草已无力与之竞争。这三个特点使得它对所到之处的本土物种产生严重威胁，该地区易成为单一的加拿大一枝黄花生长区。此外，加拿大一枝黄花的根部能分泌一种物质，这种物质可以抑制糖槭幼苗生长，也抑制包括自身在内的草本植物发芽。**防控：**在开花前连根拔除植株并置于阳光下暴晒。

加拿大一枝黄花 *Solidago canadensis* L.
1. 生境；2. 植株；3. 茎和叶；4. 根

135. 花叶滇苦菜 *Sonchus asper* (L.) Hill.

Ⅳ级 一般入侵种　　菊科 Asteraceae　　苦苣菜属 *Sonchus*

【别名】 断续菊、花叶滇苦荬菜、续断菊。

【生物学特征】 一年生草本。茎单生或簇生，茎枝无毛或上部及花序梗被腺毛。基生叶与茎生叶同，较小；上部叶披针形，不裂，基部圆耳状抱茎；下部叶或全部茎生叶羽状浅裂、半裂或深裂，侧裂片4～5对；叶及裂片与抱茎圆耳边缘有尖齿刺，两面无毛。头状花序排成稠密伞房花序；总苞片3～4层，绿色，草质，背面无毛；舌状小花黄色。瘦果倒披针状，褐色，两面各有3条细纵肋，肋间无横皱纹。花果期5—10月。

【分布】 原产美洲。湖北省有广泛分布。

【生境】 生于山坡、林缘及水边。

【传入与扩散】 **传入：**无意引进，可能分别从海外输入华南和华东后扩散蔓延到华北、中南、西南和西北地区。**扩散：**籽实可随风飘散。

【危害及防控】 **危害：**危害作物、草坪，影响景观。**防控：**可用二甲戊灵、氯氟吡氧乙酸、百草敌进行化学防控。

花叶滇苦菜 *Sonchus asper* (L.) Hill.

1. 植株；2. 叶片；3. 花序

136. 苦苣菜 *Sonchus oleraceus* L.

Ⅳ级 一般入侵种　菊科 Asteraceae　苦苣菜属 *Sonchus*

【别名】 滇苦荬菜。

【生物学特征】 一年生或二年生草本。茎枝无毛，或上部花序被腺毛；基生叶羽状深裂，椭圆形或三角形，基部渐窄成翼柄；中下部茎生叶羽状深裂，椭圆形或倒披针形，基部骤窄成翼柄，柄基圆耳状抱茎，顶裂片与侧裂片宽三角形；下部叶与中下部叶同型，基部半抱茎。头状花序排成伞房状或总状花序或单生茎顶；舌状小花黄色；瘦果褐色，冠毛白色。花果期 5—12 月。

【分布】 原产欧洲和地中海沿岸。湖北省有广泛分布。

【生境】 生于公路边、山坡、林缘、荒地及水边。

【传入与扩散】 **传入：**传入方式不详。**扩散：**种子繁殖，可随风扩散。

【危害及防控】 **危害：**危害作物、草坪，影响景观。**防控：**可用二甲戊灵、氯氟吡氧乙酸、百草敌进行化学防控。

苦苣菜 *Sonchus oleraceus* L.

1. 植株；2. 花序

137. 钻叶紫菀 *Symphyotrichum subulatum* (Michx.) G. L. Nesom

Ⅱ级 严重入侵种 菊科 Asteraceae 联毛紫菀属 *Symphyotrichum*

【别名】 钻形紫菀。

【生物学特征】 一年生草本植物。主根圆柱状，向下渐狭，茎单一，直立，茎和分枝具粗棱，光滑无毛；基生叶在花期凋落，茎生叶多数，两面绿色，光滑无毛；头状花序极多数，花序梗纤细、光滑，总苞钟形，总苞片外层披针状线形，内层线形，边缘膜质，光滑无毛。雌花花冠舌状，舌片淡红色、红色、紫红色或紫色，线形，两性花花冠管状，冠管细。花果期 8—10 月。

【分布】 原产北美洲。湖北省有广泛分布。

【生境】 生于山坡（灌丛）、草坡、沟边、路旁或荒地。

【传入与扩散】 **传入：**可能通过作物或人类活动等无意引进华东地区，再扩散蔓延到其他省区。**扩散：**可产生大量瘦果，果具冠毛，可随风入侵。

【危害及防控】 **危害：**钻叶紫菀常形成优势种群或单一优势种群，对本地物种的生物多样性产生影响；且能产生化感物质，对伴生植物（作物和杂草）的发芽、幼苗生长造成不利影响。**防控：**钻形紫菀以种子繁殖，故在植物开花前应整株铲除，也可通过深翻土壤，抑制其种子萌发；加强粮食进口的检疫工作，精选种子；用氯氟吡氧乙酸、二甲四氯等进行化学防除。

钻叶紫菀 *Symphyotrichum subulatum* (Michx.) G. L. Nesom

1. 植株；2、3. 花序

138. 万寿菊 *Tagetes erecta* L.

Ⅲ级 局部入侵种 菊科 Asteraceae 万寿菊属 *Tagetes*

【别名】 孔雀菊、缎子花、臭菊花、孔雀草。

【生物学特征】 一年生草本。茎直立，粗壮，具纵细条棱，分枝向上平展。叶羽状分裂，裂片长椭圆形或披针形，边缘具锐锯齿，上部叶裂片的齿端有长细芒；沿叶缘有少数腺体。头状花序单生，花序梗顶端棍棒状膨大；舌状花黄色或暗橙色，舌片倒卵形，基部收缩成长爪，顶端微弯缺；管状花花冠黄色，顶端具 5 齿裂。瘦果线形，黑色或褐色，被短微毛；冠毛有 1～2 个长芒和 2～3 个短而钝的鳞片。花期 7—9 月。

【分布】 原产墨西哥。湖北省有广泛栽培。

【生境】 生于路旁、花坛。

【传入与扩散】 **传入：**有意引进，人工引种栽培。**扩散：**人工引种栽培，继而扩散蔓延。

【危害及防控】 **危害：**万寿菊是一种喜阳、喜光照的植物，对生长环境具有较强的适应能力，中国多地均有栽培。其在广东和云南南部、东南部已归化，危害较小。**防控：**严格控制引种。

万寿菊 *Tagetes erecta* L.

1. 生境；2. 花序；3. 植株

139. 苍耳 *Xanthium strumarium* L.

Ⅲ级 局部入侵种　菊科 Asteraceae　苍耳属 *Xanthium*

【别名】 苍子、稀刺苍耳、菜耳、猪耳、野茄、胡苍子。

【生物学特征】 一年生草本。茎直立不分枝或少有分枝，被灰白色糙伏毛。叶三角状卵形或心形，有三基出脉，脉上密被糙伏毛，腹面绿色，背面苍白色，被糙伏毛。雄性的头状花序球形，被短柔毛，有多数的雄花，花冠钟形；雌性的头状花序椭圆形，外层总苞片小，被短柔毛，绿色、淡黄绿色或有时带红褐色，外面有疏生具钩状的刺。瘦果 2，倒卵形。花期 7—8 月，果期 9—10 月。

【分布】 原产非洲热带地区。湖北省有广泛分布。

【生境】 生于平原、丘陵、低山、荒野、田边。

【传入与扩散】 **传入：**传入方式不详。**扩散：**种子繁殖，果实具钩状的刺，可随动物传播。

【危害及防控】 **危害：**恶性杂草，入侵性较强，可侵入农田、园地，造成作物减产。**防控：**人工铲除或化学防治。

苍耳 *Xanthium strumarium* L.
1. 生境；2. 植株；3. 果序

140. 百日菊 *Zinnia elegans* Jacq.

Ⅳ级 一般入侵种　菊科 Asteraceae　百日菊属 *Zinnia*

【别名】 步步登高、节节高、鱼尾菊、火毡花、百日草。

【生物学特征】 一年生草本。茎被糙毛或硬毛；叶宽卵圆形或长圆状椭圆形，基部稍心形抱茎，两面粗糙，背面密被糙毛，基脉3。头状花序单生枝端；总苞宽钟状，总苞片多层，边缘黑色；托片附片紫红色，流苏状三角形；舌状花深红色、玫瑰色、紫堇色或白色，舌片正面被短毛，背面被长柔毛；管状花黄色或橙色，顶端裂片卵状披针形，上面被黄褐色密茸毛。花期6—9月，果期7—10月。

【分布】 原产墨西哥。湖北省各地均有栽培。

【生境】 生于山坡、草地或路边。

【传入与扩散】 **传入：**有意引进，人工引种观赏而逸生。**扩散：**种子繁殖，人为栽培扩散。

【危害及防控】 **危害：**可用于栽培观赏，但有一定的入侵性。**防控：**发现逃逸植株及时清除。

百日菊 *Zinnia elegans* Jacq.
1. 生境；2. 花序；3. 植株

141. 多花百日菊 *Zinnia peruviana* (L.) L.

Ⅳ级 一般入侵种 菊科 Asteraceae 百日菊属 *Zinnia*

【别名】 山菊花、五色梅。

【生物学特征】 一年生草本。茎被糙毛或长柔毛；叶披针形或窄卵状披针形，基部圆，半抱茎，两面被糙毛，3 出基脉在背面稍凸起。头状花序生枝端，排成伞房状圆锥花序；花序梗膨大呈圆柱状；总苞钟状，总苞片多层，边缘稍膜质；舌状花黄色、紫红色或红色，舌片椭圆形，全缘或 2～3 齿裂；管状花红黄色，5 裂，上面被黄褐色密茸毛；雌花瘦果狭楔形，管状花瘦果长圆状楔形。花期 6—10 月，果期 7—11 月。

【分布】 原产墨西哥。湖北省武汉市、十堰市、咸宁市等地有分布。

【生境】 生于山坡、草地或路边。

【传入与扩散】 **传入：**作为观赏植物有意引进，人工引种后逸生。**扩散：**种子繁殖，人为栽培扩散。

【危害及防控】 **危害：**可用于园艺观赏，有一定的入侵性，但危害性不明显。**防控：**人工拔除逃逸植株。

多花百日菊 *Zinnia peruviana* (L.) L.

1. 植株；2、3. 花序

142. 常春藤 *Hedera nepalensis* var. *sinensis* (Tobl.) Rehd.

Ⅲ级 局部入侵种 五加科 Araliaceae 常春藤属 *Hedera*

【别名】 爬崖藤、狗姆蛇、三角藤、山葡萄、牛一枫、三角风。

【生物学特征】 常绿攀援灌木；茎灰棕色或黑棕色，有气生根。叶片革质，在不育枝上通常为三角状卵形或三角状长圆形，稀三角形或箭形，花枝上的叶片通常为椭圆状卵形至椭圆状披针形，腹面深绿色，有光泽，背面淡绿色或淡黄绿色，无毛或疏生鳞片。伞形花序单个顶生或数个总状排列或伞房状排列成圆锥花序，花淡黄白色或淡绿白色，芳香，花瓣 5，三角状卵形；果实球形，红色或黄色。花期 9—11 月，果期次年 3—5 月。

【分布】 原产欧洲。湖北省有广泛分布。

【生境】 常攀援于林缘树木、林下、路旁、岩石和房屋墙壁上。

【传入与扩散】 **传入：**传入方式不详。**扩散：**种子或营养繁殖，攀附于其他植物上扩散。

【危害及防控】 **危害：**以根茎营养繁殖为主，生长速度快，攀附于其他植物上，严重时会覆盖整棵植物，影响后者光合作用。**防控：**人工铲除地下部分。

常春藤 *Hedera nepalensis* var. *sinensis* (Tobl.) Rehd.
1. 生境；2. 花；3、4. 果序

143. 南美天胡荽 *Hydrocotyle verticillata* Thunb.

I 级 恶性入侵种　五加科 Araliaceae　天胡荽属 *Hydrocotyle*

【别名】 香菇草、圆币草、钱币草、铜钱草。

【生物学特征】 多年生草本，株高 5～15 cm；茎蔓性，细长，分枝，节上常生根；叶对生，具长柄，圆盾形，边缘波状，绿色，光亮；伞形花序，小花白色。花期 6—8 月。

【分布】 原产欧洲。湖北省武汉市、恩施土家族苗族自治州等地有分布。

【生境】 生于水沟和溪边草丛中潮湿处及浅水湿地。

【传入与扩散】 **传入：**南美天胡荽作为水景植物引入中国后，在长江流域及其以南地区的湿地造景中被广泛应用，并且在园林绿化、水生景观的营造中其使用频度和广度仍在不断增加。**扩散：**以根茎营养繁殖为主，繁殖速度快，能够产生复杂的芽系统，可适应资源异质性及种间竞争所产生的各种微环境，已经在很多湿地沿岸地区大规模地蔓延。

【危害及防控】 **危害：**南美天胡荽能够适应从水生到旱生、强光到荫蔽的多种生境，并具有较好的耐受性，从而能占据更宽的生态幅。其侵占力强，在野外能形成高密度的单一居群，地下部分有密集呈网状交错的根茎和不定根，繁殖速度快，能迅速占领生境，排挤其他植物。根除难度大，根茎的片段仍可生长成新的植株，并再次快速繁殖扩散。**防控：**控制水位、调控环境养分水平是控制和管理南美天胡荽的一个有效手段，发现逃逸要及时清理。

南美天胡荽 *Hydrocotyle verticillata* Thunb.

1. 花序；2. 生境；3. 叶片

144. 野胡萝卜 *Daucus carota* L.

Ⅱ级 严重入侵种　伞形科 Apiaceae　胡萝卜属 *Daucus*

【别名】胡罗卜、野红萝卜、红萝卜。

【生物学特征】二年生草本。茎单生，全体有白色粗硬毛。基生叶薄膜质，二至三回羽状全裂；茎生叶近无柄，有叶鞘，末回裂片小或细长。复伞形花序；总苞有多数苞片，呈叶状，羽状分裂，少有不裂的，裂片线形；小总苞片 5～7 枚，具纤毛；花通常白色，有时带淡红色。果实圆卵形，棱上有白色刺毛。花果期 5—7 月。

【分布】原产欧洲。湖北省武汉市、咸宁市、恩施土家族苗族自治州、宜昌市、神农架林区有分布。

【生境】生于山坡（路旁）、旷野或田间。

【传入与扩散】**传入：**无意引进，可能随作物种子或通过人、货物经丝绸之路引入。其种子常混入胡萝卜种子中传播，该种是胡萝卜地里的拟态杂草，可能是元朝引种胡萝卜时带入。**扩散：**随引种过程中的作物种子、交通工具、动物皮毛和鸟类羽毛扩散。

【危害及防控】**危害：**常见的农田杂草之一，常生长于果园、草地、麦田，但只在部分地区、部分农田中危害较重。在野外主要通过化感作用影响本地物种生长，抑制生境中其他植物的生长而使自己成为单优势群落。**防控：**在野胡萝卜发生较多的农田或地区，合理组织作物轮作换茬，加强田间管理及中耕除草工作，都能有效地减少其危害；也可选用氯磺隆、赛克津等除草剂田间化学防除；还可以通过放牧或采收作为饲料加以利用而达到防治效果。

野胡萝卜 *Daucus carota* L.

1. 生境；2. 果序；3. 植株；4. 花序

145. 水芹 *Oenanthe javanica* (Bl.) DC.

Ⅱ级 严重入侵种　　伞形科 Apiaceae　　水芹属 *Oenanthe*

【别名】 野芹菜、水芹菜。

【生物学特征】 多年生草本，茎直立或基部匍匐。基生叶有柄，基部有叶鞘；叶片轮廓三角形，一至二回羽状分裂，末回裂片卵形至菱状披针形；茎上部叶无柄。复伞形花序顶生；无总苞，小总苞片2～8枚，线形；小伞形花序有花20余朵，花瓣白色，倒卵形。果实近于四角状椭圆形或筒状长圆形，侧棱较背棱和中棱隆起，木栓质。花期6—7月，果期8—9月。

【分布】 原产亚洲东部，日本北海道、印度南部、缅甸、越南、马来西亚、爪哇及菲律宾等地有分布。湖北省有广泛分布。

【生境】 生于浅水低洼地或池沼、水沟旁。

【传入与扩散】 **传入：**传入方式不详。**扩散：**种子或无性繁殖。

【危害及防控】 **危害：**常见杂草之一，适应性强，根系发达，容易于低洼泥地、水沟等地成片生长，常有寄生虫产卵于植株上；可侵入农田（旱地），造成作物减产。**防控：**人工铲除和化学防治。

水芹 *Oenanthe javanica* (Bl.) DC.

1. 生境；2. 植株；3. 花序

146. 细叶旱芹 *Cyclospermum leptophyllum* (Persoon) Sprague ex Britton & P. Wilson

Ⅲ级 局部入侵种　伞形科 Apiaceae　细叶旱芹属 *Cyclospermum*

【别名】 细叶芹。

【生物学特征】 一年生草本；茎多分枝，无毛；叶长圆形或长圆状卵形，三至四回羽状多裂，裂片线形；上部茎生叶三出，二至三回羽裂；复伞形花序无梗，稀有短梗，无总苞片和小总苞片；伞辐 2～3（5），无毛；伞形花序有花 5～23；花梗不等长；花瓣白色、绿白色或略带粉红色，卵圆形。花期 5 月，果期 6—7 月。

【分布】 原产南美洲。湖北省有广泛分布。

【生境】 生于田野荒地、路旁、草坪、湿润或低地的杂草丛中。

【传入与扩散】 **传入：**无意引进，种子混入进口农产品或其他种子中入境。**扩散：**夹带在芹菜种子中进行传播，细叶旱芹是伴随芹菜种子的传播而扩散的，目前有芹菜种植的地方，可能皆伴有细叶旱芹的生长。

【危害及防控】 **危害：**常见的农田、草坪、园圃杂草之一，影响作物正常生长，还可能成为多种病菌及害虫的寄主与传染源。细叶旱芹以种子繁殖为主，叶细长、耐寒耐旱，植株细小，2～3 个月内便可完成从出芽到种子形成的过程，1 年中可多次开花结种子。同时，细叶旱芹种子细小，根系对周围植物有一定的抑制性，且边开花边结种子，这使得其繁殖系数大。**防控：**细叶旱芹主要由外来芹菜种子带入，因此对引进的芹菜种子要落实严格的检疫制度；细叶旱芹以种子繁殖为主，在开花前如于田间发现细叶旱芹要立即拔除，或播种芹菜种子时适当将种子深埋。

细叶旱芹 *Cyclospermum leptophyllum* (Persoon) Sprague ex Britton & P. Wilson

1. 生境；2. 植株；3. 果序；4. 花序

参考文献

[1] 阿腾古丽·艾思木汗，努尔巴依·阿布都沙力克，范文林，等.基于 MaxEnt 的入侵植物小蓬草在新疆的潜在分布估计 [J]. 现代盐化工，2021，48（4）：41-46+48.

[2] 柏玉萍.苋科花卉与园林绿化 [J]. 辽宁师专学报（自然科学版），1999（3）：105-108.

[3] 卞金鸽，刘宁，黄雨晗，等.酢浆草和红花酢浆草对萝卜种子的化感作用 [J]. 河南科技学院学报（自然科学版），2017，45（5）：21-27+31.

[4] 蔡欢.草甘膦对粉绿狐尾藻和菱的生态毒理效应及水杨酸的缓解作用 [D]. 武汉：武汉大学，2019.

[5] 陈宝鑫，王晓旭，张倩怡，等.白花紫露草的组织培养与植株再生体系的建立 [J]. 北方园艺，2009（6）：84-86.

[6] 陈焕镛.大戟科 [M]// 中国科学院华南植物研究所.海南植物志：第二卷，北京：科学出版社，1965：110-187.

[7] 陈锋.重庆鸭跖草科一新归化种：白花紫露草 [J]. 耕作与栽培，2021，41（4）：89-90.

[8] 陈景成，陈荣泰，丘光彩，等.几种除草剂防除多年生再生稻田杂草对比试验 [J]. 中国农技推广，2020，36（8）：71-74.

[9] 陈丽云，张永田.三种常见且学名混乱的鸭跖草科栽培植物及其用途 [J]. 亚热带植物通讯，1992（2）：47-50.

[10] 陈林杨.木本曼陀罗花蜜抗菌活性及其可培养微生物多样性比较研究 [D]. 昆明：云南师范大学，2014.

[11] 陈其本，杨明.小议大麻的起源 [J]. 农业考古，1996，1：215-217.

[12] 陈少萍.硫华菊栽培管理 [J]. 中国花卉园艺，2013（16）：21-23.

[13] 陈思，丁建清.外来湿地植物再力花适生性分析 [J]. 植物科学学报，2011，29（6）：675-682.

[14] 陈彦甫，范杨杨，周卫娟，等.热带红睡莲精油主要成分及其抑菌活性分析 [J]. 食品研究与开发，2022，43（1）：32-38.

[15] 陈杨春，鲁雪华.韭莲鳞茎的组织培养 [J]. 植物生理学通讯，1985（2）：47.

[16] 陈勇，谢臻，韦韬，等.地桃花水提物的体外抗菌实验研究 [J]. 亚太传统医药，2011，7（10）：29-30.

[17] 陈雨婷，马良，陆堂艳，等.国内鬼针草属杂草类群的鉴别 [J]. 常熟理工学院学报，2021，35（2）：87-91.

[18] 陈钰婕，陆金婷，苏世广，等.水芹在污水净化中的应用价值 [J]. 安徽农业科学，2022，50（7）：6-10.

[19] 代海芳.埃及白睡莲（*Nympheae lotus*）花的生物学和生殖生态学研究 [D]. 石家庄：河北师范大学，2006.

[20] 戴蕃瑨.中国大麻起源、用途及其地理分布 [J]. 西南师范大学学报（自然科学版），1989，3：114-119.

[21] 邓德明，王帅.常春油麻藤在边坡生态修复中的应用 [J]. 林业与生态，2021（10）：39.

[22] 邓湘俊，潘卫松，张婷，等．鬼针草属植物药的药理作用研究进展 [J]. 中国药房，2017，28（13）：1860-1864.

[23] 邓贞贞，白加德，赵彩云，等．外来植物豚草入侵机制 [J]. 草业科学，2015，32（1）：54-63.

[24] 丁品夷，毛凯琦，李恒玉，等．外来入侵植物黄花刺茄与其近缘非入侵植物少花龙葵繁育系统的比较 [J]. 应用生态学报，2020，31（4）：1106-1112.

[25] 丁铁玉．天竺葵绿枝扦插比较试验 [J]. 吉林农业，2019（21）：53.

[26] 丁瑜欣，吴娟，成水平．水盾草入侵机制及防治对策 [J]. 生物安全学报，2020，29（3）：176-180+190.

[27] 董长青，任风春，吴扬甲．稻田蔗草及化学除草 [J]. 新农业，1983（9）：13-14.

[28] 董贯仓，杜兴华，王亚楠，等．蕹菜和水鳖对泥质与沙质底养殖水体的净化效果研究 [J]. 渔业现代化，2020，47（2）：33-41.

[29] 董宽虎，郝春艳，王康，等．串叶松香草不同生育期营养物质及瘤胃降解动态 [J]. 中国草地学报，2007，29（6）：92-97.

[30] 董政，邓先保．缙云山生态环道北碚示范段入侵植物调查及防治对策 [J]. 南方农业，2021，15（19）：22-25.

[31] 杜卫兵，叶永忠，张秀艳，等．河南主要外来有害植物的初步研究 [J]. 河南科学，2002，20（1）：52-55.

[32] 范建军，乙杨敏，朱珣之．入侵杂草一年蓬研究进展 [J]. 杂草学报，2020，38（2）：1-8.

[33] 冯丹，司宝华，张黎．波斯顿蕨绿色小体及孢子体诱导与增殖优化 [J]. 农业科学研究，2019，40（4）：57-60+68.

[34] 冯泳，刘贝贝，唐安军．药用植物地桃花种子休眠与萌发特性的研究 [J]. 种子，2014，33（4）：39-41.

[35] 付俊鹏，李传荣，许景伟．沙质海岸防护林入侵植物垂序商陆的防治 [J]. 应用生态学报，2012，23（4）：991-997.

[36] 高菡，王琳娜，黄菲，等．香附子对锌的富集作用研究 [J]. 广东化工，2022，49（12）：40-42.

[37] 高军侠，党宏斌，郑宾国，等．巴天酸模修复重金属污染土壤特征分析 [J]. 郑州航空工业管理学院学报，2022，40（3）：64-71.

[38] 高志亮，过燕琴，邹建文．外来植物水花生和苏门白酒草入侵对土壤碳氮过程的影响 [J]. 农业环境科学学报，2011，30（4）：797-805.

[39] 高宗军，李美，高兴祥，等.24 种除草剂对空心莲子草的生物活性 [J]. 中国农学通报，2010，26（21）：256-261.

[40] 葛水莲，陈建中，邢浩春，等．小花鬼针草黄酮的提取及在草莓保鲜中的应用研究 [J]. 食品科技，2014，39（7）：210-215.

[41] 耿慧，王志锋．聚合草的栽培与利用 [J]. 新农业，2017（21）：29-31.

[42] 耿田，谈静波 . 柳叶马鞭草栽培技术及在景区园林绿化中的应用 [J]. 宁夏农林科技，2019，60（12）：13-14+24.
[43] 耿志同，韩玉军，张永倩，等 . 不同环境因素对苘麻种子萌发及出苗的影响 [J]. 植物保护，2022，48（3）：131-135.
[44] 弓步学，段兴恒，孔庆全 . 野燕麦的发生危害及综合防治技术 [J]. 北方农业学报，1997（4）：33-34.
[45] 弓晓峰，欧丽，刘足根，等 . 氮磷钾和乙二胺四乙酸对镉污染三叶鬼针草的吸收特征研究 [J]. 环境污染与防治，2011，33（2）：1-6+11.
[46] 龚星军，温晓，魏媛媛，等 . 土家药白头婆成分及含量研究 [J]. 中国民族医药杂志，2017，23（3）：31-33.
[47] 关广清，丁守信，张玉茹，等 . 八种鬼针草属（*Bidens* L.）杂草瘦果的鉴别 [C]// 中国植物保护学会杂草学分会 . 面向 21 世纪中国农田杂草可持续治理：第六次全国杂草科学学术研讨会论文集 . 南宁：广西民族出版社，1999：165-167.
[48] 郭水良，耿贺利 . 麦田波斯婆婆纳化除及其方案评价 [J]. 农药，1998，37（6）：29-32.
[49] 郭水良，李扬汉 . 我国东南地区外来杂草研究初报 [J]. 杂草科学，1995（2）：4-8.
[50] 韩鸿涛 . 白苜蓿和紫苜蓿 [J]. 中国养蜂杂志，1954，12（9）：16-18.
[51] 韩秀娜，岳宪化，高明 . 百日菊温室栽培 [J]. 中国花卉园艺，2015（8）：38-39.
[52] 何家庆 . 中国外来植物 [M]. 上海：上海科学技术出版社，2012：418-419.
[53] 何金铃，魏传芬，金银根 . 饭包草种子萌发过程中养分运输和消耗的细胞学过程初探 [J]. 激光生物学报，2011，20（4）：536-541+473.
[54] 何燚，李华，石继清 . 茑萝在园林景观设计中的应用 [J]. 现代农业科技，2019（19）：163-164.
[55] 侯宽昭 . 广州植物志 [M]. 北京：科学出版社，1956：279-280.
[56] 胡思哲 . 林分密度和凋落物对日本柳杉土壤水土保持功能的影响 [D]. 南昌：江西农业大学，2021.
[57] 胡学铭 . 优良的绿肥作物：田菁 [J]. 山西农业科学，1964（4）：34-36+27.
[58] 胡亚娟 . 紫露草栽培管理 [J]. 中国花卉园艺，2016（20）：36-37.
[59] 华承伟，谢凤珍，王建华 . 菊苣中菊粉提取工艺条件的研究 [J]. 天然产物研究与开发，2006（6）：1013-1016.
[60] 黄华，郭水良 . 外来入侵植物加拿大一枝黄花繁殖生物学研究 [J]. 生态学报，2005，25（11）：2795-2803.
[61] 黄丽萍，刘丽萍，李枝林，等 . 美人蕉属植物研究现状与展望 [J]. 安徽农学通报，2007（12）：89-91+73.
[62] 黄民权 . 聚合草：一种引入的致癌植物 [J]. 植物杂志，1999（1）：11.
[63] 黄秋生 . 外来植物野茼蒿的入侵生物学及其综合管理研究 [D]. 金华：浙江师范大学，2008.
[64] 纪红 . 花食记：每颗人间烟火全都美丽了我 [J]. 齐鲁周刊，2019（13）：62-64.

[65] 江贵波，林理强，吴伟珊，等 . 入侵植物红花酢浆草对 3 种杂草的化感作用 [J]. 广东农业科学，2014，41（23）：74-77.

[66] 江苏省植物研究所 . 江苏植物志：下册 [M]. 南京：江苏科学技术出版社，1982.

[67] 姜策 . 灵斯科除草剂防治水稻田阔叶杂草效果研究 [J]. 农业科技与装备，2019（5）：21-22+25.

[68] 蒋文军，于晓倩，史晨毅，等 . 苍耳子提取物抗类过敏作用及活性成分筛选的研究 [J]. 现代生物医学进展，2022，22（17）：3238-3243.

[69] 蒋芸生，尹兆培 . 华家池杂草植物名录 [J]. 浙江农学院学报，1956，1（2）：191-200.

[70] 金效华，林秦文，赵宏编，等 . 中国外来入侵植物志（第四卷）[M]. 上海：上海交通大学出版社，2020：94-97.

[71] 康龙麒，冯维春 . 草甘膦对粉绿狐尾藻生长、光合色素和抗氧化酶系统的影响 [J]. 当代化工研究，2019（13）：28-29.

[72] 孔德敏 . 五叶地锦的应用及管理 [J]. 新农业，2012（5）：50-51.

[73] 兰伟，张伟 . 铁、钙、磷元素对波士顿蕨试管苗生长的影响 [J]. 安徽科技学院学报，2015，29（1）：23-27.

[74] 李惠茹，闫小玲，严靖，等 . 浙江归化植物新记录 [J]. 杂草学报，2016，34（1）：31-33.

[75] 李建波，方丽，郝雨，等 . 野老鹳草水提取物对大豆、玉米、花生的化感作用 [J]. 杂草学报，2018，36（1）：31-36.

[76] 李康，郑宝江 . 外来入侵植物牛膝菊的入侵性研究 [J]. 山西大同大学学报（自然科学版），2010，26（2）：69-71.

[77] 李黎明，袁梦琦，檀婷婷，等 . 外来入侵植物粗毛牛膝菊研究现状及防治对策 [J]. 现代农业科技，2022（4）：119-122.

[78] 李沛琼，倪志诚 . 草木犀属 [M]// 吴征镒 . 西藏植物志：第二卷 . 北京：科学出版社，1985：737.

[79] 李庆军，赵建宇 . 日本小檗引种育苗技术 [J]. 辽宁农业科学 ,2010（增刊）：60.

[80] 李荣林 . 双荚决明的生物学特性与木本模式植物研究 [D]. 南京：南京林业大学，2006.

[81] 李瑞，查岭，吴长友，等 . 毕节市 3 种外来有害入侵生物的发生原因及防控对策 [J]. 现代农业科技，2015（4）：209-210.

[82] 李晓春，齐淑艳，姚静，等 . 入侵植物粗毛牛膝菊种群遗传多样性及遗传分化 [J]. 生态学杂志，2015，34（12）：3306-3312.

[83] 李欣勇，黄迎，张静文 . 风车草种子休眠及萌发特性研究 [J]. 种子，2021，40（5）：57-62.

[84] 李雪芹，辛秀，唐艺，等 . 千日红的研究进展 [J]. 微量元素与健康研究，2017，34（2）：58-60.

[85] 李延江，李作文 . 园林植物图鉴 [M]. 沈阳：辽宁科学技术出版社，2005.

[86] 李扬汉 . 中国杂草志 [M]. 北京：中国农业出版社，1998：1267-1268.

[87] 李洋，段鹏，金旻琦 . 新型博落回植物源农药：硫酸血根碱 [J]. 世界农药，2022，44（6）：21-24.

[88] 李振宇，解焱 . 中国外来入侵种 [M]. 北京：中国林业出版社，2002：176.

[89] 李子俊 . 新热带的献礼：墨西哥睡莲 [J]. 花木盆景（花卉园艺），2022（8）：44-45.

[90] 梁倩，刘蔚漪，徐文晖 . 昆明引种的双荚决明花挥发油化学成分分析 [J]. 西部林业科学，2012，41（4）：108-109.

[91] 梁维敏，王绍武 . 豚草的危害及防控措施 [J]. 现代农业科技，2010（24）：160-161.

[92] 梁宇轩，张丹，汪小飞 . 黄山市城区外来入侵植物调查与风险评估研究 [J]. 滁州学院学报，2015，17（5）：27-31.

[93] 廖睿燕 . 重庆公园草本观赏植物入侵风险评估 [D]. 重庆：重庆大学，2021.

[94] 林冠伦 . 空心莲子草在江苏的分布和经济评价 [J]. 江苏农业科学，1987（7）：17-18.

[95] 林娟，杨柳，王艾迪，等 . 浐灞湿地外来物种一年蓬的入侵扩散特性及防治对策 [J]. 价值工程，2012，31（1）：315-316.

[96] 林启凰，鲍红娟，张岗 .UPLC-MS/MS 法分析通奶草乙酸乙酯部位成分及其体外抗菌活性 [J]. 中成药，2020，42（7）：1931-1935.

[97] 刘碧惠 . 绛三叶的引种栽培 [J]. 四川川畜牧鲁医，1984（4）：26-28.

[98] 刘博，陈成彬，李秀兰，等 . 豆科三属八种植物的核型及 rDNA 定位研究 [J]. 云南植物研究，2005，27（3）：261-268.

[99] 刘彩云，王春强，张丽辉，等 . 雨久花种群开花期生殖株构件表型可塑性及生长分析 [J]. 分子植物育种，2020，18（7）：2366-2370.

[100] 刘国宇，崔新爱，李艳，等 . 不同生长年限木本曼陀罗中莨菪碱和东莨菪碱含量比较研究 [J]. 陕西农业科学，2020，66（9）：43-44.

[101] 刘华敏 . 万寿菊栽培管理 [J]. 中国花卉园艺，2012（6）：24-25.

[102] 刘建国，蔡兰倩，肖艳辉，等 . 天竺葵纯露对番茄的化感效应及其成分分析 [J]. 韶关学院学报，2021，42（6）：48-54.

[103] 刘建敏 . 石家庄市绿地常见有害蔓性杂草的发生利用与防治对策 [J]. 中国林副特产，2020（1）：35-37+ 40.

[104] 刘雷，段林东，周建成 . 湖南省 4 种新记录外来植物及其入侵性分析 [J]. 生命科学研究，2017，21（1）：31-34.

[105] 刘联仁 . 中国蓖麻害虫初录补述 [J]. 中国油料作物学报，1988（4）：75-76.

[106] 刘明智，陈明霞，高建强，等 . 铜仁市外来植物的种类组成及来源 [J]. 贵州农业科学，2021，49（10）：96-103.

[107] 刘全儒，于明，周云龙 . 北京地区外来入侵植物的初步研究 [J]. 北京师范大学学报（自然科学版），2002，38（3）：399-404.

[108] 刘全儒，张勇，齐淑艳 . 中国外来入侵植物志（第三卷）[M]. 上海：上海交通大学出版社，2020：121-124.

[109] 刘书宇 . 香附子繁殖力评价及对玉米根际土壤细菌影响 [D]. 南宁：广西大学，2022.

[110] 刘文博 . 家芹与毒芹（石龙芮）的鉴别 [J]. 发明与创新（中学时代），2010（3）：2-23.

[111] 刘星云 . 入侵杂草苏门白酒草不同种群对干旱胁迫的生理响应差异 [D]. 昆明：云南大学，2020.

[112] 刘艳霞 . 美丽月见草特性及其绿地栽培养护技术 [J]. 现代园艺，2012（9）：8-19.

[113] 刘蕴哲，李帅杰，蔡秀珍 . 外来植物梭鱼草和蒲苇的入侵风险研究 [J]. 湖北农业科学，2019，58（23）：95-100.

[114] 陆志科，黎深，谭军 . 飞扬草提取物的抗菌性能研究 [J]. 西北林学院学报，2009，24（5）：110-113.

[115] 律泽，苏澳，张驰，等 . 龙葵生长对佳乐麝香与镉污染土壤酶活性的影响 [J]. 沈阳建筑大学学报（自然科学版），2022，38（5）：953-960.

[116] 罗集丰，方怡然，黄崇才，等 . 山地茶园不同控草技术效果比较 [J]. 南方农业，2022，16（7）：115-118.

[117] 罗丽 . 柳叶马鞭草的栽培管理技术 [J]. 园艺与种苗，2018（3）：13-15.

[118] 马金双 . 中国外来入侵植物调查报告：下卷 [M]. 北京：高等教育出版社，2014：454.

[119] 马玲 . 入侵植物挥发物在调控植物与土著昆虫互作中的作用及机制 [D]. 开封：河南大学，2021.

[120] 马世军，王建军 . 历山自然保护区外来入侵植物研究 [J]. 山西大学学报（自然科学版），2011，34（4）：662-666.

[121] 马艳霞 . 对五叶地锦发展的思考 [J]. 陕西林业科技，2011（5）：8-9.

[122] 马永林，郭成林，覃建林，等 . 不同除草剂对遍地黄金草坪杂草的控制效果及安全性 [J]. 植物保护，2022，48（3）：369-376.

[123] 孟永明，阚祥绪，周汝敏 . 紫露草在生态毒理学分子水平上的研究展望 [J]. 云南师范大学学报（自然科学版），2007（2）：59-64.

[124] 缪丽华，王媛，高岩，等 . 再力花地下部水浸提液对几种水生植物幼苗的化感作用 [J]. 生态学报，2012，32（14）：4488-4495.

[125] 莫训强，孟伟庆，李洪远 . 天津 3 种外来植物新记录：长芒苋、瘤梗甘薯和钻叶紫菀 [J]. 天津师范大学学报（自然版），2017，37（2）：36-38+56.

[126] 倪苏 . 天人菊的组织培养和植株再生 [J]. 植物生理学报，2003，39（4）：342.

[127] 潘晓云，梁汉钊，Sosa A，等 . 喜旱莲子草茎叶解剖结构从原产地到入侵地的变异式样 [J]. 生物多样性，2006，3：232-240.

[128] 裴鉴，单人骅，周太炎，等 . 江苏南部种子植物手册 [M]. 北京：科学出版社，1959.

[129] 彭继锋 . 几种除草剂防除玉米田杂草试验总结 [J]. 现代化农业，2016（10）：9-10.

[130] 彭艳，马素洁，孙晶远，等 . 西藏 12 份野生豆科牧草种质资源综合性状评价 [J]. 草业科学，2021，38（12）：2429-2439.

[131] 祁世华，牛燕芬，王睿芳，等 . 两种入侵植物与三种本地植物根系特征的比较研究 [J]. 植物科学学报，2021，39（2）：183-192.

[132] 任军方，王春梅，张浪，等 . 大花马齿苋在海南引种栽培技术要点 [J]. 现代园艺，2017（15）：52.

[133] 荣冬青，于晓敏，樊英鑫，等 . 河北省外来逸生种子植物：花叶滇苦菜 [J]. 种子，2016，35（2）：54-55.

[134] 尚春琼，朱珣之 . 外来植物三叶鬼针草的入侵机制及其防治与利用 [J]. 草业科学，2019，36（1）：47-60.

[135] 史生晶，王桔红，陈文，等 . 入侵植物鬼针草和鳢肠的化感作用及其入侵性研究 [J]. 生态环境学报，2019，28（12）：2373-2380.

[136] 寿海洋，闫小玲，叶康，等 . 江苏省外来入侵植物的初步研究 [J]. 植物分类与资源学报，2014，36（6）：793-807.

[137] 宋卫科，何佳庆，杨丽红，等 . 紫穗槐护坡根际土壤中量、微量元素的含量特征 [J]. 草业科学，2022，39（1）：21-29.

[138] 孙佳，柏彦伸，朱雪峰，等 . 婆婆针愈伤组织及试管苗培养研究 [J]. 现代农业科技，2013（11）：80-81+84.

[139] 孙李光，朱晨铭，高宏颖，等 . 河北种子植物新记录 6 种：基于对唐山市、秦皇岛市的调查 [J]. 河北林业，2021（1）：29-30.

[140] 孙璐莹，王少林 . 博落回有效成分的提取及其在畜牧生产中的应用 [J]. 中国农业文摘 - 农业工程，2022，34（2）：63-70.

[141] 孙启忠，柳茜，李峰，等 . 我国古代苜蓿物种考述 [J]. 草业学报，2018，27（8）：155-174.

[142] 孙醒东 . 重要牧草栽培 [M]. 北京：科学出版社，1954：13.

[143] 谭国飞，罗庆，钟秀来，等 . 细叶旱芹在贵州的分布及防治方法 [J]. 农技服务，2019，36（8）：71-72.

[144] 陶德定 . 国产粟米草属的分类研究 [J]. 云南植物研究，1990（2）：129-136.

[145] 田兰，刘玲玲，郭洪伟，等 . 白头婆的化学成分及药理作用研究进展 [J]. 中国民族医药杂志，2017，23（11）：41-44.

[146] 田盼盼，温建荣，别振宇，等 . 秋英栽培与繁殖及应用研究进展 [J]. 现代农业科技，2020（15）：143+145.

[147] 田忠赛，程丹丹，徐琳，等 . 欧洲千里光在中国入侵状况的初步调查 [J]. 安全与环境工程，2018，25（2）：7-14.

[148] 涂锦娜，谭志军，李艳红，等 . 水生植物在克拉玛依的引种示范及应用前景 [J]. 新疆林业，2021（1）：36-38+43.

[149] 万方浩，刘全儒，谢明，等 . 生物入侵：中国外来入侵植物图鉴 [M]. 北京：科学出版社，2012：124-125.

[150] 王丹，张银龙，庞博 . 石龙芮对不同浓度污染水体的净化效果研究 [J]. 山东林业科技，2009，39

（5）：14-16.

[151] 王化田 . 北美车前入侵机制及其对环境影响的研究 [D]. 上海：上海师范大学，2016.

[152] 王嘉怡，许贵红，黄凡风，等 . 田菁栽培管理技术 [J]. 中国园艺文摘，2017，33（6）：173-174.

[153] 王洁雪，杨敏，邓国伟，等 . 粟米草三萜类化学成分及其活性研究 [J]. 中草药，2020，51（4）：902-907.

[154] 王力明，欧阳丽莹，陆春艳，等 . 混种两种生态型少花龙葵及其杂交后代对生菜生长和镉积累的影响 [J]. 甘肃农业大学学报，2019，54（2）：81-88.

[155] 王立成 . 加拿大一枝黄花（*Solidago canadensis* L.）生物学特性及其与黄莺（*Solidago canadensis* CV.）的结构植物学比较 [D]. 上海：上海交通大学，2007.

[156] 王宁，冯梦迪，袁美丽，等 . 苦苣菜茎叶水浸提液对 3 种草坪植物种子萌发和幼苗生长的化感作用 [J]. 江苏农业科学，2016，44（1）：163-165+230.

[157] 王瑞江，王发国，曾宪锋 . 中国外来入侵植物志（第二卷）[M]. 上海：上海交通大学出版社，2020：199-202.

[158] 王瑞，周忠实，张国良，等 . 重大外来入侵杂草在我国的分布危害格局与可持续治理 [J]. 生物安全学报，2018，27（4）：317-320.

[159] 王湘云，高俊，奚本贵，等 . 麦田刺果毛莨药剂防除试验报告 [J]. 杂草科学，2001（4）：24-25.

[160] 王尧尧，王蕾，戚莹雪，等 . 菟丝子药材化学成分研究进展 [J]. 山东中医药大学学报，2020，44（6）：705-712.

[161] 王玉林，韦美玉，赵洪 . 外来植物落葵薯生物特征及其控制 [J]. 安徽农业科学，2008（13）：5524-5526.

[162] 王梓贞 . 五叶地锦抗逆机制研究进展 [J]. 现代化农业，2013（10）：34-35.

[163] 邬彩霞，刘苏娇，赵国琦，等 . 黄花草木樨对杂草的化感作用研究 [J]. 草地学报，2015，23（1）：82-88.

[164] 吴碧灵，覃芳敏，周光雄 . 毛莨属刺果毛莨化学成分研究 [J]. 天然产物研究与开发，2013，25（6）：736-741.

[165] 吴海荣，强胜 . 外来杂草波斯婆婆纳的化感作用研究 [J]. 种子，2008，27（9）：67-69+73.

[166] 吴康 . 苋菜活性物的提取及对植物病原真菌的抑制作用研究 [D]. 长沙：湖南农业大学，2016.

[167] 吴易雄 . 藤本植物的生态价值及开发利用对策 [J]. 林业科技开发，2014，28（2）：12-15.

[168] 吴玥莹 . 八种外来入侵植物和本地植物自毒作用研究 [D]. 沈阳：沈阳农业大学，2022.

[169] 吴跃开，李晓虹，余金勇，等 . 园林环境中有害藤本植物的发生与防治 [J]. 山东林业科技，2010，40（3）：95-96+70.

[170] 伍建榕 . 用槐叶苹象甲对塞内加尔河水面的槐叶苹进行有效生物控制 [J].AMBIO- 人类环境杂志，2003，32（7）：458-462.

[171] 武红霞 . 日本菟丝子对果树的危害及防治技术 [J]. 烟台果树，2019（4）：56.

[172] 小丸子 . 一枝黄花之辨 [J]. 食品与生活，2020，376（12）：76-77.

[173] 谢登峰，童芬，杨丽娟，等 .MaxEnt 模型下的外来入侵种香丝草在中国的潜在分布区预测 [J]. 四川大学学报（自然科学版），2017，54（2）：423-428.

[174] 谢勇，徐永福，游健荣，等 . 黄金河国家湿地公园外来植物种类组成、区系与入侵危害 [J]. 生态学杂志，2020，39（11）：3613-3622.

[175] 辛存岳，邱学林，郭青云，等 . 青海湖环湖地区农田杂草发生危害及防治研究 [J]. 青海农林科技，2001（1）：19-20+10.

[176] 徐海根，强胜 . 中国外来入侵生物 [M]. 北京：科学出版社，2011：340-341.

[177] 徐海根，强胜 . 中国外来入侵物种编目 [M]. 北京：中国环境科学出版社，2004：189-190.

[178] 徐璐 . 河南鸡公山国家级自然保护区 6 种外来引入植物的特性分析 [J]. 分子植物育种，2022，20（19）：6593-6597.

[179] 徐旺生 . 近代中国牧草的调查、引进及栽培试验综述 [J]. 中国农史，1998，17（2）：79-85.

[180] 徐向明，叶绣珍，黎振昌 . 蕨状满江红（*Azolla filiculoides*）孢子果和幼孢子体的 SEM 系统观察 [J]. 华南师范大学学报（自然科学版），1987（2）：83-89.

[181] 徐秀琴，杨敏生 . 刺槐资源的利用现状 [J]. 河北林业科技，2006（S1）：302-304.

[182] 许桂芳，刘明久，李雨雷 . 紫茉莉入侵特性及其入侵风险评估 [J]. 西北植物学报，2008（4）：4765-4770.

[183] 许可，丁宁，陈晓梅 . 白睡莲栽培管理与养护技术 [J]. 广东蚕业，2019，53（8）：56-57.

[184] 许思涵，叶啸笑，华根飞，等 . 绍兴市区草坪杂草调查及化学防除研究 [J]. 安徽农学通报，2016，22（21）：49-52.

[185] 闫小红，张蓓玲，周兵，等 . 外来入侵植物美洲商陆提取物的化感活性 [J]. 生态与农村环境学报，2012，28（2）：139-145.

[186] 闫小玲，严靖，王樟华，等 . 中国外来入侵植物志（第一卷）[M]. 上海：上海交通大学出版社，2020：288-292.

[187] 严靖 . 关于水生植物南美天胡荽的几个问题 [J]. 园林，2017（3）：54-56.

[188] 杨德毅，吾建祥，刁银军 . 苋菜和蕹菜对重金属的富集能力 [J]. 现代园艺，2020，43（11）：38-39.

[189] 杨红旗，李春明，鲁丹丹，等 . 黄花蒿野生驯化技术研究 [J]. 耕作与栽培，2022，42（5）：152-154.

[190] 杨丽娟，梁乾隆，何兴金 . 入侵植物香丝草水浸提液对蚕豆和玉米根尖染色体行为的影响 [J]. 西北植物学报，2013，33（11）：2172-2183.

[191] 杨霞，贺俊英 . 入侵植物粗毛牛膝菊种子形态及其萌发特性的研究 [J]. 内蒙古师范大学学报（自然科学汉文版），2020，49（5）：453-459.

[192] 杨玉镜，郭建洲 . 野燕麦危害现状及防治对策 [J]. 现代农村科技，2015（14）：24-25.

[193] 姚纲 . 中国粟米草科分类修订 [J]. 热带亚热带植物学报，2019，27（6）：713-720.

[194] 姚新成，田丽萍，秦冬梅，等 . 两色金鸡菊化学成分及生物活性研究进展 [J]. 西北药学杂志，2014，9（6）：655-658.

[195] 姚一麟，徐晔春 . 入侵者（上）[J]. 园林，2013（3）：65-67.

[196] 叶琪明，郭方其，吴超，等 . 浙江省菊花上发现南方菟丝子为害 [J]. 浙江农业科学，2020，61（12）：2596-2597.

[197] 叶清华 . 水浮莲的灾害与对策 [J]. 现代农业装备，2005（5）：26.

[198] 叶胜兰，舒晓晓 . 黄菖蒲对富营养化水体中氮磷去除效率研究 [J]. 农业与技术，2021，41（11）：38-40.

[199] 易吉明 . 黄花蒿再生体系优化及细胞学研究 [D]. 长沙：湖南农业大学，2021.

[200] 于曦，刘祥君，石福臣 . 槐叶苹对富营养化水体净化效果的研究 [J]. 天津师范大学学报（自然科学版），2006（3）：19-22.

[201] 余顺慧，邓洪平 . 万州区外来入侵植物的种类与分布 [J]. 贵州农业科学，2011，39（2）：76-79.

[202] 曾建军，肖宜安，孙敏 . 入侵植物剑叶金鸡菊的繁殖特征及其与入侵性之间的关系 [J]. 植物生态学报，2010，34（8）：996-972.

[203] 詹冠群 . 葱莲、韭莲和长叶野桐的化学成分及生物活性研究 [D]. 武汉：华中科技大学，2017.

[204] 詹华山 . 美人蕉的栽培技术及在园林设计中的作用 [J]. 种子科技，2021，39（5）：49-51.

[205] 张彩莹，王妍艳，王岩 . 湿地植物齿果酸模对猪场废水净化作用研究 [J]. 环境工程学报，2011，5（11）：2405-2410.

[206] 张华丽 . 金光菊属植物研究进展 [J]. 北京园林，2014（1）：4.

[207] 张建基 . 家畜蓖麻中毒及其防治 [J]. 新疆农业科学，1963（8）：324.

[208] 张杰，张旸，李敏，等 .3 种茄科入侵植物在我国的潜在地理分布及气候适生性分析 [J]. 南方农业学报，2019，50（1）：81-89.

[209] 张金芝，迟淑英，王东，等 . 紫露草在北方园林绿化中的开发利用初探 [J]. 山东林业科技，2003（3）：40.

[210] 张静，储德强，刘展展，等 . 有毒植物博落回的法医毒理学研究进展 [J]. 中国法医学杂志，2022，37（3）：278-282.

[211] 张觉晚，王沅江，周凌云，等 . 湖南茶园 13 种缠绕性杂草的发生和防治 [J]. 茶叶通讯，2013，40（3）：16-19+23.

[212] 张庆芝，曾海燕，彭友良，等 . 金灯藤的生药学研究 [J]. 云南中医学院学报，2008（5）：9-11+22.

[213] 张胜娟，夏文彤，杨晓辉，等 . 槐叶苹养殖水对铜绿微囊藻的抑制效应 [J]. 卫生研究，2016，45（1）：81-86.

[214] 张小雨，王雪振，夏雷 . 常春藤素抗肿瘤作用及机制研究进展 [J]. 中国实验方剂学杂志，2022，

28（15）：275–282.

[215] 张心明，杨海燕，周丽花．不同药剂对直播稻田杂草的防效和安全性研究 [J]. 现代农业科技，2020（14）：86–87.

[216] 张莹，陶梁春，姜路晴，等．石龙芮的生药学研究 [J]. 延边大学学报（自然科学版），2020，46（2）：156–159.

[217] 张雨曲，胡东，杜鹏志．北京地区湿地植物新记录 [J]. 首都师范大学学报（自然科学版），2008（3）：56–59+63.

[218] 张壮塔，柯玉诗，刘禧莲，等．细满江红（*Azolla filiculoides* Lam）的生物学特性与有性繁殖初步研究 [J]. 广东农业科学，1979（5）：8–12.

[219] 章绍尧，丁炳扬．浙江植物志总论 [M]. 杭州：浙江科学技术出版社，1993：41–44.

[220] 赵楚，钱燕萍，田如男．梭鱼草化感物质丁二酸、肉桂酸及香草酸对铜绿微囊藻生长的抑制效应 [J]. 浙江农林大学学报，2020，37（6）：1105–1111.

[221] 赵家荣，冯顺良，陈路，等．蓝睡莲有性繁殖栽培研究 [J]. 武汉植物学研究，1997（4）：383–386.

[222] 赵金莉，程春泉，顾晓阳，等．入侵植物紫茉莉根系分泌物对土壤微生态环境的影响 [J]. 河南师范大学学报（自然科学版），2014，42（3）：95–99+147.

[223] 赵军，杨逢春．木本植物紫穗槐的营养特性及其在动物生产中的应用 [J]. 饲料研究，2021，44（15）：158–160.

[224] 赵思雅，张帆，黄敏，等．大别山区和皖南山区金灯藤生长习性及寄主植物分析 [J]. 植物资源与环境学报，2018，27（3）：103–111.

[225] 赵雅清．巴天酸模抗肿瘤活性组分的筛选 [D]. 晋中：山西中医药大学，2018.

[226] 赵宇，丁红卫．常春油麻藤对地被植物蔓花生的化感作用 [J]. 云南农业大学学报（自然科学），2022，37（3）：530–534.

[227] 郑欣颖，薛立．入侵植物三叶鬼针草与近缘本地种金盏银盘的可塑性研究进展 [J]. 生态学杂志，2018，37（2）：580–587.

[228] 郑熠．养分添加和增温对入侵植物北美车前和本地车前生长及竞争力的影响 [D]. 南京：南京农业大学，2019.

[229] 中国科学院植物研究所．中国主要植物图说：第五册 豆科 [M]. 北京：科学出版社，1955.

[230] 中国科学院中国植物志编辑委员会．中国植物志：第四十二卷 第二分册 [M]. 北京：科学出版社，1998：312–328.

[231] 中国饲用植物志编辑委员会．中国饲用植物志：第六卷 [M]. 北京：中国农业出版社，1989：195–196.

[232] 钟娟，兰世超，杨佳琴，等．入侵植物黄花草木樨的生殖构件性状及种子萌发特性研究 [J]. 种子，2022，41（1）：38–43.

[233] 钟秀来，罗庆，王堃，等．野生蔬菜水芹栽培技术 [J]. 农技服务，2022，39（10）：22-24.

[234] 周丽霞，潘艳波，韦松基．刺蒴麻和长钩刺蒴麻的显微鉴别 [J]. 中国民族医药杂志，2010，16（1）：33-34.

[235] 周庆源．睡莲科的花的生物学和生殖形态学研究 [D]. 北京：中国科学院研究生院（植物研究所），2005.

[236] 周颖，刘杰，闫晓慧，等．模拟昆虫取食对牛膝菊防御特征的影响 [J]. 应用生态学报，2022，33（3）：808-812.

[237] 朱邦长，叶玛丽，何胜江，等．贵州天然豆科牧草：窄叶野豌豆的引种与驯化 [J]. 草业科学，1996（4）：8-11.

[238] 朱健明，蔡春芳，丁惠明，等．池埂喷洒草甘膦对河蟹池塘内伊乐藻生长影响的研究 [J]. 科学养鱼，2021（11）：34-35.

[239] 朱强，安黎，邹梦辉，等．齿果酸模水浸液对 4 种作物的化感作用 [J]. 贵州农业科学，2014，42（7）：53-56.

[240] 朱秀红，王明昆，张威，等．葎草化感活性对白花泡桐种子萌发及幼苗生长的影响 [J]. 西部林业科学，2022，51（4）：1-10.

[241] 朱英葛．大花马齿苋的扦插繁殖技术研究 [J]. 现代园艺，2016（9）：5-6.

[242] 朱映枫，钱佳宇，江解增，等．长江流域春季设施栽培东方泽泻和川泽泻花薹的产量与品质 [J]. 贵州农业科学，2020，48（10）：107-110.

[243] 邹春萍．一蓬野花叫青葙 [J]. 花卉，2018（19）：41.

[244] 邹蓉，韦春强，唐赛春，等．广西茄科外来植物研究 [J]. 亚热带植物科学，2009，38（2）：60-63.

[245] Benedi C, Orell J J. Taxonomy of the genus Chamaesyce S.F. Gray (Euphorbiaceae) in the Iberian Peninsula and the Balearic Islands[J]. Collectanea Botanica (Barcelona), 1992, 21: 9-55.

[246] Bentham G. Flora hongkongensis: a decription of flowering plants and ferns of the island of Hongkong[M]. Henrietta Street, London: Lovell Reeve, Covent Garden, 1861.

[247] Brand M H, Lehrer J M, Lubell J D. Fecundity of Japanese Barberry (Berberis thunbergii) Cultivars and Their Ability to Invade a Deciduous Woodland[J]. Invasive Plant Science & Management, 2012, 5(4): 464-476.

[248] Cheo T Y, Lu L L, Yang G, et al. Brassicaceae[M]//Wu Z Y, Raven P H, Hong D Y. Flora of China: Vol.8. Beijing & St. Louis: Science Press and Missouri Botanical Garden Press, 2001: 136.

[249] Cheo T Y. The Cruciferae of Eastern China[J]. Botanical Bulletin of Academia Sinica, 1948, 2(3): 178-194.

[250] Clarke R C, Merlin M D. *Cannabis*: evolution and ethnobotany[M]. Berkeley: University of California Press, 2013.

[251] Ferreira J L M, Riet Correa F, Schild A L, et al. Poizoning of cattle by *Amaranthus* spp. (Amaranthaceae) in Rio Grande de Sul, southern Brasil[J]. Pesquisa Veterinaria Brasileira, 1991, 11: 49–54.

[252] Fischer S F, Poschlod P, Beinlich B. Experimental studies on the dispersal of plants and animals on sheep in calcareous grasslands[J]. Journal of Applied Ecology, 1996, 33(5): 1206–1222.

[253] Forbes F B, Hemsley W B. An enumeration of all the plants known from China Proper, “Formosa”, Hainan, Corea, the Luchu Archipelago, and the Island of Hongkong, together with their distribution and synonymy—Part XVI[J]. The journal of the Linnean Society of London, Botany, 1903, 36(251): 175.

[254] Holm L G, Plucknett D L, Pancho J V, et al. The world’s worst weeds: distribution and biology[M]. Honolulu, Hawaii, USA: University Press of Hawaii, 1977.

[255] Holm L R G. World weeds: natural histories and distribution[M]. New York: John Wiley & Sons, 1997: 243–248.

[256] Hooker W J, Arnott W. The botany of captain Beechey’s Voyage: Vol.4[M]. York Street, London: Covent Garden, 1841: 207.

[257] Keng H. The Euphorbiaceae of Taiwan[I]. Taiwania, 1955, 6(1): 27–66.

[258] Lehrer J M. Horticultural strategies to counter invasive Japanese barberry (Berberis thunbergii DC.)[D]. Storrs: University of Connecticut, 2003.

[259] Maddox D M. Bionomics of an alligator weed flea beetle, *Agasicles* sp. in Argentina[J]. Annals of the Entomological Society of America, 1968, 61: 1300–1305.

[260] McLean K S, Roy K W. Weeds as a source of *Colletotrichum capsici* causing anthracnose on tomato fruit and cotton seedlings[J]. Canadian Journal of Plant Pathology, 1991, 13(2): 131.

[261] Migo H. A list of plants collected by the author on Mt. Lushan. Ⅱ [J]. Bulletin of the Shanghai Science Institute, 1944, 14: 131.

[262] Mohamed M K. Chromosome counts in some flowering plants from Egypt[J]. Egyptian Journal of Botany, 1997, 37(2): 129–156.

[263] Morton J F. Atlas of Medicinal plants of Middle America, Bahamas to Yucatan[M]. Springfield, II, USA: Charles C Thomas, 1981: 183.

[264] Moss S R, Horswell J, Froud-Williams R J, et al. Implications of herbicide resistant *Lolium multiflorum* (Italian rye-grass)[J]. Aspects of Applied Biology, 1993, 35: 53–60.

[265] Pandey A K, Singh P, Prakash V. Control of weeds with special reference to Ranunculus arvensis in wheat under mid-hills of north-western himalayas[J].Indian Journal of Weed Science, 1999, 31(1/2): 60–63.

[266] Ridley H N. The dispersal of plants throughout the world[M]. Ashford, U K: Lovell Reeve & Company, 1930: 549.

[267] Runemark H. Mediterranean chromosome number reports 16 (1473−1571)[J]. Flora Mediterranea, 2006, 16: 408−425.

[268] Salles M S, Lombardo de Barros C S, Lemos R A, et al. Perirenal edema associated with *Amaranthus* spp poisoning in Brazilian swine[J]. Veterinary and Human Toxicology, 1991, 33(6): 616−617.

[269] Sato S, Tateno K, Kobayashi R, et al. Cultural control of swinecress (*Coronopus didymus*) in Italian Ryegrass (*Lolium multiflorum*) Sward by Dense Sowing[J]. Journal of Weed Science & Technology, 1996, 41(2): 107−110.

[270] Sauer J D. The grain amaranths and their relatives: a revised taxonomic and geographic survey[J]. Annals of the Missouri Botanic Garden, 1967, 54(2): 103−137.

[271] Sciandrello S, Giusso D G G, Minissale P. *Euphorbia hypericifolia* L. (Euphorbiaceae), a new alien Species for Italy[J]. Webbia, 2016, 71(1): 163−168.

[272] Stager C E, Appleby A P. Italian ryegrass (*Lolium multiflorum*) accessions tolerant to diclofop[J]. Weed Science, 1989, 37(3): 350−353.

[273] Sun H, Barthomew B. *Robinia* [M]//Wu Z Y, Raven P H, Hong D Y. Flora of China: Vol.10, 2010.

[274] Takabayashi M, Nakayama K. The seasonal change in seed dormancy of main upland weeds[J]. Weed Research, 1981, 26(3): 249−253.

[275] Teasdale J R, Mohler C L. The quantitative relationship between weed emergence and the physical properties of mulches[J]. Weed Science, 2000, 48(3): 385−392.

[276] Torres M B, Kommers G D, Dantas A F M, et al. Redroot pigweed (*Amaranthus retroflexus*) poisoning of cattle in southern Brazil[J]. Veterinary and Human Toxicology, 1997, 39(2): 94−96.

[277] Waterhouse D F. Biological control of weeds: Southeast Asian prospects[M]. Canberra: Australian Centre for International Agricultural Research, 1994: 20−24.

[278] Weaver S E, McWilliams E L. The biology of Canadian weeds. 44. *Amaranthus retroflexus* L., *Amaranthus powellii* S. Wats. and *Amaranthus hybridus* L.[J]. Canadian Joural of Plant Science, 1980, 60: 1215−1234.

附录

科名中文名索引

科名学名索引

植物中文名索引

植物学名索引

参考标本馆[1]

北京师范大学生命科学学院植物标本室（BNU）

复旦大学生物系植物标本室（FUS）

广西植物研究所标本馆（IBK）

河南师范大学生命科学学院标本馆（HENU）

华南师范大学生命科学学院植物标本室（SN）

吉首大学生物系植物标本馆（JIU）

江苏省·中国科学院植物研究所标本馆（NAS）

江西省中国科学院庐山植物园标本馆（LBG）

曲阜师范大学生科院植物标本室（QFNU）

上海辰山植物标本馆（CSH）

武汉大学植物标本馆（WH）

中国科学院寒区旱区环境与工程研究所植物标本室（LZD）

中国科学院华南植物园标本馆（IBSC）

中国科学院昆明植物研究所标本馆（KUN）

中国科学院武汉植物园标本馆（HIB）

中国科学院植物研究所标本馆（PE）

中南民族大学植物标本馆（HSN）

遵义师范学院植物标本馆（ZY）

① 按标本馆中文名首字母排列，标本馆名称及缩写与中国数字植物标本馆官网上的信息一致。